名城八探

关于历史文化名城的探讨

张泉◎著

中国建筑工业出版社

图书在版编目（CIP）数据

名城八探：关于历史文化名城的探讨 / 张泉著. —
北京：中国建筑工业出版社，2024.3
ISBN 978-7-112-29636-1

Ⅰ.①名…　Ⅱ.①张…　Ⅲ.①文化名城—保护—研究
—中国　Ⅳ.①TU984.2

中国国家版本馆CIP数据核字（2024）第052057号

责任编辑：黄　翊
文字编辑：郑诗茵
责任校对：赵　力

名城八探
关于历史文化名城的探讨
张泉◎著

＊
中国建筑工业出版社出版、发行（北京海淀三里河路9号）
各地新华书店、建筑书店经销
北京雅盈中佳图文设计公司制版
北京云浩印刷有限责任公司印刷
＊
开本：787毫米×1092毫米　1/16　印张：15　字数：186千字
2024年4月第一版　2024年4月第一次印刷
定价：**78.00**元
ISBN 978-7-112-29636-1
　　（42712）

当历史文化成为资源时，名城焕发出古雅的容光，流淌着欢快的潮水。

在实现中华民族伟大复兴的时代洪流中，历史文化保护已成为当前的一个热点领域。文脉的追寻、发展的需求，保护的责任、市场的吸引，等等意愿、种种动机，特别是得益于主流舆论的导向、行业多年的坚守，使历史文化勃发青春活力，出现了前所未有的良好机遇。尤其在历史文化名城保护方面，面临发展阶段提升、发展方式转型的国家宏观形势，顺应人民群众追求幸福美好生活的普遍趋势，坐拥历史文化资源富集的城市优势，使名城成为历史文化保护和利用的主要舞台。

我国首创的历史文化名城保护制度已经施行了40多年，也正因为是首创，更需要不断完善。名城的生活性、综合性、发展性等基本特点，也使名城保护与传统的历史文化保护有很多、很大的不同，需要在名城保护中继续探索研究。例如：

保护意义如何明确，才能避免历史文化价值泛化；

保护分类如何恰当，才能正确区分保护对象特点、合理协调相关保护标准和目标；

保护分级如何准确，才能符合工程质量的科学要求；

保护技术如何体现时代特点和地域特色，才能保持中国传统建筑和名城悠久的历史立体轨迹和文化多元组成。

类似问题还反映在诸多协调关系方面，如传统文化与现代观念、传统功能与现代需求、保护对象与保护理念、保护技术与专业知识、保护意愿与保护能力、保护成本与经济效益等，特别需要开展深入的理论探究，进行广泛的实践探索。

一切都在变化中，"与时迁移，应物变化，立俗施事，无所不宜"①。历史文化名城是统一的称号，每座历史文化名城都是具体文化在特定时空的集聚，并且还将在创造和淘汰中演进②前行，必然应是"在发展中保护，在保护中发展"。

要真实保护和传承弘扬名城的历史文化，处理好保护与发展的关系，需要对保护的对象和发展的主体——历史文化名城进行深入的分析、开放的探讨。

以下选择：名城由来、名城内涵、名城标准、名城分类、保护理念、保护要点、保护方式、保护路标八个方面，阐述笔者的认识与思考，以作交流、以期指正。

---

① 见司马谈《论六家要旨》。
② 在本书中，演进主要反映一种状态，衍进指遵循一定规律的变化，演化和衍化亦是如此。

目 录
CONTENTS

五探保护理念

七探保护方式

始探名城由来

"历史文化名城"的称号于 1982 年 2 月正式确定,《国务院批转国家建委等部门〈关于保护我国历史文化名城的请示〉的通知》中公布了西安、洛阳、南京、北京等 24 个城市为首批国家历史文化名城,历史文化名城制度由此创立。

在世界关于历史文化保护各种各样的宪章、宣言、意见和制度中,明确城市类保护主体对象有文化遗产、历史文化街区、历史地段、历史城市等多种名称。而"历史文化名城"制度是我国特有的一种保护制度,是在建筑类历史文物保护的传统基础上发展而来的,是世界历史文化保护制度中具有开创性、独特性的一个重要组成部分。

一、欧洲历史文化保护的简历与启示

欧洲近现代发展最早,建筑类历史文物保护也走在前面。以下摘录两本书的阐述,简要说明其演变过程的概略节点,借此分析欧洲历史文化保护历程的启示。

1. 欧洲历史文化保护的简历节点

"在西方历史中,一般认为对历史建筑的第一次定位是在 15 世纪的意大利……

法国在欧洲乃至全世界都是最早在历史建筑方面立法的国家，……1830年法国任命了第一位历史建筑监察官，1837年成立了全国性的历史文物委员会来管理国家纪念物。……1840年……开始对历史建筑进行登录保护，这是欧洲最早的一份历史建筑登录名单。1913年《历史纪念物法》的制定，表明法国政府开始对历史建筑等文物实施依法保护。

从1860年到1960年，欧洲对历史建筑的保护和实践几乎没有太大变化。……正是由于工业革命的出现，使建筑的发展产生历史断代现象，从而才开始把历史城镇作为保护对象。

20世纪60年代后，欧洲的建筑与城市遗产保护观点经历了一个快速发展的阶段。60年代以前，保护对象是建筑单体和著名纪念物，如古建筑遗址、中世纪宗教建筑、古城堡等。从60年代开始，保护对象有了新的变化，开始对次要建筑（如住宅）、乡土建筑（如村落、民居）、工业建筑（如工厂、车站）、城市肌理和人居环境（如城市街区、城市区域、村镇、城市综合体）进行保护"①。

在欧洲，"广泛而言，对文物建筑和历史纪念物的保护行为至少可以追溯到古罗马时代，到文艺复兴时期又有了进一步的发展。18世纪中叶，英国的古罗马圆形剧场成为欧洲第一个被立法保护的古建筑，这标志着文物保护的概念已从典籍、艺术品、器物等扩展到建筑的范围。但是那时对文物建筑的价值尚未得到广泛的认同。历史建筑的保护和修复工作于18世纪末开始受到重视，至于这项工作的科学化，它的一些基本概念、理论和原则的形成，则是从19世纪中叶起，近一百多年来发展和演变的

---

① 张松. 历史城市保护学导论 [M]. 3版. 上海：同济大学出版社，2022.

结果"①。

两段阐述分别侧重于法、英两国，其中的具体内容和细节稍有区别，但对于建筑类历史文化保护的总体方向和演进历程的基本认识是一致的。

2. 欧洲历史文化保护的启示

可以从欧洲历史文化保护的发展历程中得到一些启发。

1）经济技术和社会发展变革引发历史文化保护

现代意义的建筑类历史文化保护问题诱发于第一次工业革命，当时新兴技术和产品不断涌现，经济社会变革剧烈，新老物体快速交替，建设科技发展使传统建筑文化出现断层。

在社会发展缓慢时期，无论是欧洲从古希腊、古罗马建筑到哥特式、文艺复兴中的古典柱式及其后的巴洛克、洛可可建筑，还是中国从春秋战国时的冥器和汉代的阙、画像砖中所反映的建筑形象，直至唐宋、明清建筑，在两千多年中都是自然、稳定地演进，没有出现专门的建筑文化保护问题。一旦经济社会发展加快，尤其是科学技术更新换代、生活方式推陈出新、社会观念焕然一新等成为普遍现象，保护就成了专门的问题。

欧洲的建筑历史文化保护是这样，其他地区和我国也是如此。"有得必有失，有失必有得，事多无兼得者"②，人类发展的规律性现象难以避免。

2）传统保护理念发端于欧洲

经济社会发展带来历史文化保护先行，因此，主要针对建（构）筑物的保护历史文化传统理念的基础是西方文化背景。

---

① 王景慧，阮仪三，王林.历史文化名城保护理论与规划 [M].上海：同济大学出版社，1999.
② 见《论语·阳货》。

　　欧洲对于建筑文化的基本认识，可以出版于 19 世纪中叶的《建筑的七盏明灯》①为代表。作者拉斯金在书中提出了建筑的七大原则：奉献、真理、权力、美、生命、记忆、顺从，带有鲜明的受法国启蒙运动影响的色彩，其中的美、生命和记忆三个原则直接阐明了建筑物本体所具有的历史文化特性。

　　中国传统对于建筑文化的主流认知可以分为两个方面。一个方面是文化性认识，以历朝官方的"舆服制"为代表，重视国家礼仪制度和社会伦理道德等秩序美学概念②；在此基础上，更加侧重于建筑物的体量、部品构造、装饰色彩和饰纹等所象征的社会等级意义。另一个方面是专业性知识，有《木经》《营造法式》《工部工程做法则例》等营造专著，其中包括了造型、结构、比例、尺度等现代名词的审美内涵；明代吴江人计成所著《园冶》提出的很多冶园方法至今都是世界建筑学界公认的设计法则。

　　历史文化保护理念需要立足自身历史、融入当地当代。对于各种理念间的不同之处应当相互尊重、相互理解。理念差异是特色之源，取长补短必须不影响保持优秀的自身传统特色。

　　3）欧洲的保护理念立足于石材

　　欧洲古代建筑的主要建造材料基本都是石材或用火山灰制成的天然混凝土，因此，相关的保护原则、要求和标准主要对应和适用于石材。在世界范围内，传统建筑常用的主要建造材料中，石材的力学性能最坚固、物理状态最稳定、化学性能最耐久。相对于一代人的记忆期，石材及其结构可以长久地基本保持原真状态。

　　相比于石材，土、砖、木、竹、草、毡等建筑材料都具有各自的物理、化学特性和建造工艺特点。保护这些传统建筑文化，

---

① 见拉斯金（John Ruskin）《建筑的七盏明灯》，1849 年。
② 拉斯金对建筑的真理、权力、顺从的理解，类似于中国古代的相关理念。

当然也需要对应和适用于各自的材料特性和工艺特点，选择与之相适应的指导理论、保护规则和评判标准。

4）欧洲历史文化保护的背景特点

欧洲的历史文化保护起始于神庙、宫殿等公共建筑，以及主要产生于文艺复兴时期的城堡、别墅等，保护对象品质较优。从20世纪60年代开始，保护内容逐步拓展，将住宅、村落、工业建筑、城市街区、城市肌理和人居环境等渐次纳入保护范围。若从法国1830年任命第一位历史建筑监察官开始算起，近两百年的保护历程历经了资本主义兴旺阶段的经济社会发展，以及贫民窟的大量产生与普遍淘汰；历经了20世纪以来两次世界大战的沧桑，战后优秀、优质建筑的新建。由于欧洲城市化进程较早，经济社会发展和生活水平富裕的总体程度较高。

欧洲的发展轨迹伴随历史文化保护产生的以下几个客观现象需要关注：

首先，第一次工业革命时期产生的贫民窟、破旧建筑的普遍性淘汰发生较早（正因为大量传统建筑遭到淘汰，才引发保护问题），"《资本论》中大量记载、当时公开发表的各种研究报告陈述和报纸刊登的英、法等国普通工人居住条件的住宅，早已踪迹全无"[①]。很多建于18世纪的居住建筑，在平面功能和生活居住舒适度等方面基本不亚于欧洲现代城市的普遍水平，现状遗存的工程质量普遍较好，总体上具有良好的历史文化保护的技术品质基础。

其次，一般性城市街区建筑遗存的建造年代不太久，很多是在20世纪或二战后新建的。欧洲经济社会近现代化，包括机动

---

① 张泉. 漫步城市规划 [M]. 北京：中国建筑工业出版社，2023.

交通方式，普及本就较早，近数十年来发展平稳，因此那时所建的建筑的功能、形式和市政基础设施，与现代社会需求的相融性较好。其中除了现代电器类设施，就建筑物本体而言，不少保护对象的品质与现代建筑基本没有明显的代差。

再次，经过较长历史时期的理论探索和实践检验，关于保护的系列性技术规章、管理制度和支持政策相对健全、到位。

最后，在两个多世纪的保护历程中，民众的历史文化保护意识得到比较从容和恰当的培养、熏陶与传承，历史文化保护有良好的社会基础。

5）欧洲的保护传统以建构筑物为主体内容

欧洲的历史文化保护以建（构）筑物等物质类载体为主体内容，重视建（构）筑物的设计细部和工程技术，基本上由城市规划师主导历史文化保护与城市、社会相关的发展政策，由建筑师主持保护技术工作。

二、中国历史文化保护的简历与启示

清宣统元年即颁行过《保护古迹推广章程》，但很快就随着封建王朝一起寿终正寝。尽管没有留下关于其作用的记载，但其颁行本身即可说明，当时的国家管理层已经具有了古迹保护意识，并有意愿开始付诸行动。

1. 中国历史文化保护的简历节点

我国现代意义上的建筑类文物保护，一般认为始于20世纪20年代的考古科学研究。关于历史文化保护的总体历程，主要可以关注以下一些节点性事件。

1）1949 年以前

1919 年，朱启钤先生重新出版了他在南京江南图书馆（今南京图书馆）发现的、早已失传的宋代李诚组织编撰的《营造法式》；这个常见的重新出版事件对于我国开始进行关于中国传统建筑营造方法及其历史文化系统的现代研究，具有不应忽视的触发和推进作用。

1922 年，北京大学设立了考古学研究所，后又设立考古学会，这是我国历史上最早的文物保护学术研究机构。

1928 年，国民政府内政部首次颁布了《名胜古迹古物保存条例》，标志着中国政府把历史文化保护正式纳入了国家的管理职能范围。

1930 年，中国营造学社成立。朱启钤先生退出政坛后专注于中国传统建筑的研究与保护，并投资创办了中国营造学社。学社内设法式、文献二组，分别由梁思成和刘敦桢二位先生主持，分头研究古建筑形制和其他史料，并组织开展了中国古建筑的实物调查工作。学社成员以现代建筑学的科学态度和严谨方法，在艰苦的条件下深入穷乡僻壤，坚持现场调查与研究，对中国时存的古建筑进行了广泛的勘察和测绘，搜集了大量珍贵数据，出版了大量专业著作，这些文献至今仍是研习中国古典建筑、建筑史、城市史的无可替代的宝贵资料。

这个阶段有关保护的实际工作，主要是中国营造学社进行的实物调查、古典建筑理论研究和建立资料档案等活动，特别是在抗日战争爆发以前进行的工作，为新中国成立后的建筑类历史文化保护研究提供了不可多得的技术基础。

2）中华人民共和国成立后

1961 年，国务院颁布《文物保护管理暂行条例》，这是新中国最早的文物保护法规，颁布于国民经济困难时期，充分体现了国家对文物保护工作的重视。

1982年2月，国家建立历史文化名城保护制度，同时公布了第一批24座国家历史文化名城。

历史文化名城制度的创立，在世界范围内形成了历史文化保护的新模式，开辟了历史文化保护的新领域，但随之也出现了一些新问题，提示着历史名城保护制度完善的空间。

2. 历史文化保护阶段划分

1）百年历程四个阶段

有学者把我国对历史文化遗产保护的百年历程分为四个阶段[①]：

第一阶段是20世纪20~30年代，名胜古迹等被纳入文物保护对象，具体工作内容以中国营造学社的活动为主。

第二阶段是20世纪50~60年代，国家初步形成了历史文化遗产保护体系，建筑类遗产进一步受到重视，开始关注古城文化。

第三阶段是20世纪80年代初~90年代中期，历史文化遗产保护体系逐步发展，增加了历史文化名城作为重要内容，提出了"历史文化保护区"的概念。

第四阶段是20世纪90年代中期至今，历史文化遗产保护体系日趋完善，历史文化名城保护走向纵深层次。

2）新中国成立后历程三个阶段

也有学者对新中国成立后的历史文化保护按照保护体系特点

---

① 贾鸿雁. 中国历史文化名城通论 [M]. 南京：东南大学出版社，2007.

专门进行了阶段划分："1949 年以后，新中国的……历史文化遗产保护体系的建立经历了形成、发展与完善三个历史阶段，即：以文物保护为中心内容的单一体系的形成阶段，增添历史文化名城保护为重要内容的双层次保护体系的发展阶段，以及重心转向历史文化保护区的多层次保护体系的成熟阶段"[①]。

以上两种阶段划分方式对我国历史文化保护历程的认识是基本一致的，并且都特别点出了"历史文化保护区"的概念。

历史文化现象有起伏，但时间不会间断。从单纯的保护行为的角度，20 世纪 30 年代起持续了十多年的战争和 60 年代中期发生的"文化大革命"，对于历史文化的各种影响是一种特殊的客观存在。据笔者所知，已有学者开始对某些城市在抗日战争时期的建筑类历史文化及其保护的活动进行研究。

3. 我国历史文化保护历程的启示

与欧洲历史文化保护的两百多年发展历程相比，我国历史文化保护具有自己的国情背景，不同的发展轨迹也必然产生相应的影响，伴随不同的特点。

1）传统建筑的功能时代性和结构耐久性

功能时代性主要体现在传统农业、手工业时代建造水平的建筑功能，尤其是封建社会的宗族聚居方式与现代核心家庭的户型规模差距甚大，反映传统生活居住伦理习俗的建筑平面关系与现代宜居习惯需求有较多不同，以及传统砖木结构材料抵抗自然侵蚀的耐久性问题。建筑功能的时代性和遗存的工程质量两个方面的因素都显著区别于欧洲，是名城保护特别是大量的非等级文物

---

① 王景慧，阮仪三，王林.历史文化名城保护理论与规划 [M].上海：同济大学出版社，1999.

传统建筑保护面临的基本问题。

2）较低的经济社会发展起点

我国近代国家和国民积贫积弱的历史环境与欧洲普遍开始保护古建筑时相比，经济社会发展起点低，一些城市中至今仍然存在为数不少已经衰败的传统住宅。而生活水平的快速提升，使改善居住条件成为社会的普遍愿望与行动。

3）以增量为主的快速发展模式

1980 年我国城镇化率为 19.4%，到 2023 年已近 65%，四十多年间翻了近两番，迅速地改变了城市建成区的新旧比重和空间形态。交通方式的现代化趋势，难以阻挡地使城市布局结构和以非机动交通方式为主的原道路系统更新组织，并产生了家用机动车停车空间等需求。

4）保护耕地、森林资源的政策

我国近年来颁布的保障可持续发展的最严格保护耕地等自然资源的政策，客观产生了对黏土砖和木材等主要传统建筑材料生产、供应的影响，需要从传统建筑、传统建材生产及其技艺等历史文化保护的合理需求角度，进行协调完善。

5）古代高度重视非物质文化要素

可能受到木结构与砖石结构耐久性差异的影响，与欧洲重视建筑物质（原物）、物体（原状）的传统理念相比，我国自古以来高度重视建筑物的非物质文化要素，特别重视建筑物所体现的文化精神。例如，对具有重要文化意义的标志性建构筑物，无论是因自然还是人为的毁坏，通常屡毁屡建、重建不止；民间望族拆除上一代留下的祠堂旧物而重修宗祠，也是对祖先崇拜和孝敬的光宗耀祖之举，但对于建筑物的物质及其几何类的文化要素，即原物、原状等，却并不介意。

6）改革开放以来的巨大进步和变革

我国经过改革开放四十多年的快速发展，使得生产方式、生活方式、交通方式等都取得了全方位的促进着巨大进步，同一代人经历了从解决温饱、奔小康到迈向现代化的历史进程。促进着高楼起，眼见着旧房消，加强了新旧对比的刺激；以增量为主的发展方式，引发在专业设置、人才培养等方面的市场需求导向；发展进程的相对压缩，使得历史文化保护中难免出现粗疏、滞后等问题。

三、历史文化名城制度的建立

1. 对历史文化名城制度的认识

"我国把一个城市作为历史文化遗产提出来进行保护，始于1949年3月，由'国立'清华大学与私立中国营造学社合设之建筑研究所编制的《全国重要建筑文化简目》一书。该书是为提供中国人民解放军在作战及接管时保护文物之用的，……'简目'的第一项，就是把北平古都作为一个完整的历史文化遗产来保护……。1949年10月颁布的《苏联部长会议建筑委员会第327号命令》中，苏联首次出国家正式公布历史名城名单……。苏联的这个文件，对我国保护历史文化名城的决策有直接的参考作用"[①]。

1）名城制度的建立过程

关于我国历史文化名城保护制度建立的具体过程，李浩先生进行了专门的调查考证，并著文作了相当具体、详细的介绍[②]，主

---

① 贾鸿雁. 中国历史文化名城通论 [M]. 南京：东南大学出版社，2007.
② 李浩. 国家历史文化名城制度建立过程及思想渊源的历史考察——兼谈关于名城制度提出者之惑 [J]. 建筑师，2023（2）：112–122.

11

要观点如下：

改革开放初期，针对文物古迹面临在"文化大革命"时期遭到破坏的遗留问题，特别是正在兴起的城市开发建设浪潮中存在的建设性破坏较为普遍且未能有效遏制的现象，当时的一大批老专家纷纷大声疾呼，并在全国政协的组织和带领下进行了广泛的调查，通过各种途径向中央领导和国家有关部门反映情况、提交建议，许多城市规划工作者也发出同样的呼声。国家有关部门多次下发文件，要求保护历史文化；中央和国务院领导也曾多次作出重要批示。从专家、管理部门到高层领导达成了广泛的共识。

在此背景下，根据中央对文物保护工作作出的重要指示，1981 年 12 月 28 日，国家基本建设委员会、国家文物局和国家城市建设总局联合向国务院呈报《关于保护我国历史文化名城的请示》；1982 年 2 月 8 日，《国务院批转国家建委等部门〈关于保护我国历史文化名城的请示〉的通知》（国发〔1982〕26 号文）发布，我国历史文化名城制度得以创立。

笔者对该文件中关于历史文化名城制度具体建立过程介绍的客观性和分析的严谨性深感膺服。

2）名城制度的思想渊源认识

"历史文化名城"与国外的"历史城市"涵义有所区别，各有特点，其名称和内容都显示出中国在历史文化保护方面的创新。

对于这个名称的来源，"国家建委文件起草时，曾认为中国城市里的遗产都属于文物遗产，……大多都与文化有关，所以加了'文化'二字，起名叫'历史文化名城'"①。

---

① 李浩 . 国家历史文化名城制度建立过程及思想渊源的历史考察——兼谈关于名城制度提出者之惑 [J]. 建筑师，2023（2）：112–122.

李浩先生在上述文章中，对 1981 年第五届全国政协调查组提交中央的报告中关于建立国家历史文化名城制度这一想法的思想来源，概括为以下四个主要方面：

①早期"文物保护单位"思想的影响。

②对国际上历史古城保护经验的借鉴。

③ 1980~1981 年文物保护工作"洛阳事件"的推动。当时主流观点认为像洛阳这类历史遗迹极为丰富的地区，只有把整个城市都保护住，把文物建筑、古城格局和传统风貌作为新的城市规划和建设的组成部分，才能解决当时高速建设中文物古迹被破坏的难题，应该把城市当成文物来保护。

④先行建立的国家风景名胜区制度的启发。

2. 名城制度初创期的基本特点

基于上述过程介绍和来源分析，可以关注历史文化名城制度初创时期重要的，也是基础性特点的四个方面：文物、文化、保护角度、方向与策略。

1）以文物为主要对象

我国于 1982 年建立的历史文化名城制度是在改革开放初期较为普遍存在、历史文物古迹屡遭破坏且屡禁不止的严峻形势下，国家采取的针对性措施。当时对历史文化名城考虑和关注的对象清晰而集中，即等级文物保护单位，包括明显有条件成为文物保护单位的对象。

以等级文物为主要对象的原因，除历史文物古迹屡遭破坏的客观现象外，还有与之相关的两个重要客观背景。

一是改革开放之初，我国尚在国民经济恢复期，各行各业忙于恢复和发展的生产性建设，各地城市还没有经济能力顾及提高生活水平而普遍进行旧城改造。例如，笔者所在的南京市直到20世纪80年代中期才重点关注解决人均居住面积仅有2~4平方米的住房困难户的问题。

二是当时参与此项制度的内容和意见具体形成过程的专业人员中，以文物、文史、文化领域为主，并且以权威专家、高层人士为主。所以，"应该把城市当成文物来保护"，是当时创立历史文化名城制度的一个重要出发点和目标。

2）文化是创新点

将创新加入"文化"一词，意义重大，影响广泛深远，在某些情况下也颇有点"此亦一是非，彼亦一是非"的味道。

一方面，"中国城市里的遗产都属于文物遗产，……大多都与文化有关"，这段记录本身其实即可说明文化与名城的关系不同于文物性名城。与"历史城市""历史名城"相比，其点出了中国城市遗产的特色，强调了非物质文化的概念；相对于以物质、物体保护为主的传统观念，提升到新境界，开辟了新领域；当然同时也体现了文化领域的关注重点。

另一方面，"文化"的概念太泛，可以指某个、某项、某类文化，也可以是城市文化、人类文明。如果缺乏对具体内容的明确界定，过宽的弹性范围在实施中不便把握标准，有可能冲淡主题，还可能对刚性内容和标准产生影响；而一旦其影响了刚性内容和标准的正确性，就会随之影响其可行性，妨碍整体目标的实现。一些典型的问题，如非等级文物的传统建筑、旧城区的道路和城市整体空间等保护标准问题，在专业技术领域或不同专业之间，迄今也尚未形成较为一致的观念。

3）文物保护角度

因为前面两个特点共存而且缺乏明确的界定，导致针对文物的保护标准被拓展到一般性历史文化遗存的保护，甚至等同起来。因此，历史文化名城制度建立之初，对城区大范围内的各类历史文化遗存多参照文物保护的做法。

最为典型的案例是 20 世纪 80 年代中期，关于苏州历史文化名城的保护方针应该是"全面保护"还是"点线面保护"的争论。当时苏州市政府主要关注经济发展，同时重点解决"三桶一炉"① 等非常迫切的民生问题，因此提出按照现状历史文化遗存的实际空间分布，进行"点线面保护"。而以文物保护领域为主的一部分专业人士的意见是，苏州古城内文物众多，民居等传统建筑面广量大，必须按照建立历史文化名城制度的意图，"一揽子进框"进行全面保护。双方各执一词、互不相让，直到国务院对《苏州市城市总体规划（1985—2000）》批复，才明确：全面保护苏州古城风貌。

经过 30 多年保护实践的多方探索，《苏州市城市总体规划（2017—2035）》明确"整体保护古城风貌"。历史文化名城保护与经济社会发展之间相互兼顾、互为支撑、协调发展的观念，已经得到社会主流的认同。

4）方向明确，策略模糊

因为历史文化名城制度诞生于大建设、大发展的改革开放初期，无论是以经济建设为中心的时代导向、当时的客观经济实力，还是社会对历史文化的普遍认识，还有"文化大革命"中"破四旧"的惯性影响，特别是文物古迹遭破坏的严峻形势，都使得出台历史文化保护制度具有强烈的紧迫性。那时工作中的一句口头禅"不动就是保护"，充分体现了怎么才能"不动"历史

---

① 三桶一炉：马桶、吊桶（从井中取水的器具）、脚桶、煤球炉，都是当地当时传统生活方式的必备用具。

文化遗存是当时的首要矛盾和优先目标。

在来不及从容、充分地进行研究论证的客观条件下，采用"一揽子进框"保护历史文化名城的办法，显然具有其合理性、有效性和及时性，颇有"早一天出台，少一批损失"的功效。

同时正因为其"创造性"和"及时性"，也就难以避免地存在着一些"细思来不及，实践没经验"的问题。例如，对历史文化名城的内涵、定义，特别是历史文化名城保护与文物保护的区别，保护内容、保护对象的条件，保护标准、保护方法，保护与发展的关系和准则，保护与居民生活居住的关系等，都未及作出具有可行性的相应指导。

"据当年在国家城建总局城市规划局任职的汪德华回忆，当年他听到'国家历史文化名城'这一概念时，感到很突然，时间上有些仓促，'想一蹴而就'，缺乏技术政策论证。而邹德慈也认为，我国的历史文化名城范围很大，很难采取明确的保护措施，这一制度建立的事先研究不够"①。

3. 名城制度的改进完善

我国历史文化名城制度创立四十多年来，在施行的过程中不断探索调整，不断创新完善，且仍处于完善的过程中。各地的各种实践中也客观存在着一些不同的理解甚至相左的观点，而正是由于观点的不同，才能为制度的改进完善、多角度地提供更全面、更符合实际的考量和比较。

其后"历史文化保护区""历史城区""历史街区"等概念的陆续出现，即是对历史文化名城制度的不断完善发展。

---

① 李浩. 国家历史文化名城制度建立过程及思想渊源的历史考察——兼谈关于名城制度提出者之惑 [J]. 建筑师，2023（2）：112–122.

值得注意的是，这些内容主要都是对历史文化名城的保护空间范围、保护对象的明确和完善，而基本都不是直接对保护标准、保护方法的完善。直到"历史建筑"概念出现，方才明确了其与等级文物建筑保护的区别。

而对于保护对象应当具备的条件，如建筑类型及其建造年代（传统类型大多年代久远，有些类型才出现了数十年，有的甚至刚建成几年）、遗存工程质量（施行保护的技术可行性），以及保护方式及其必要条件等，迄今仍然是在具体操作层面各自采用的做法，缺乏科学合理的明确标准。

对于遗存等具体情况丰富多样的众多历史文化名城，除了历史文化的功能类型以外，对于城市现状与历史遗存的规模（例如同样的遗存规模存在于数万人口还是千万人口规模的城市）、遗存分布与现代城市空间布局结构（遗存是否在城市发展的中心地带）的关系等方面，尤其缺乏分类研究和指导。

四、从国际宪章的演进特点看名城制度

具有现代意义的历史文化保护事业发展二百多年来，世界各国或联合国出台的各种引导和宣言、公约等数以百计，其中很多理念和内容已经成为各界共同遵守的规则。众所周知、作用重大并得到普遍认可的如《SPAB 宣言》《马德里大会建议》《雅典宪章》《威尼斯宪章》《佛罗伦萨宪章》《华盛顿宪章》(《保护历史城镇与城区宪章》)《奈良真实性文件》等，贯穿了现代历史文化保护的百年历程。学习和梳理其中体现的历史文化保护的演进规律，可以发现以下特点。

1. 国际宪章演进的基本特点

1）循序渐进

循序渐进也是历史、历史文化的铁律。保护对象从重点到一般、保护理念从维修到利用，逐步扩展、提升；保护规则和保护工作相应跟随、改进完善，不是一蹴而就，或宁缺毋滥。

保护类别逐步丰富，从庙宇、宫殿到公共建筑、宅院，再到各类非物质文化遗产；保护对象由精而普、由远及近，随着经济社会发展和文明进步，一般性传统民居、近现代优秀建筑也被纳入保护视野；保护空间范围不断拓展，由点及面、由小到大，从文物、街区、城市到环境、生境；保护目标由保而活，从关注回顾到顾后瞻前，活化利用融入发展；保护理念不断更新，历史文化的原真性、真实性、多样性逐步得到广泛的认同。

2）总体导向

可以用"四个重视"进行概括。

一是重视保护真实的历史文化，反对造假。但必须全面理解"造假"与"保护真实性"的关系。相对而言，石结构文化系列比较侧重于原真性，木结构文化系列更加强调真实性，其重点精神体现在国际古迹遗址理事会（ICOMOS）1994年通过的《奈良真实性文件》中。正确把握这二者之间的内涵区别，还需要看"原真"和"真实"的具体标准和做法。

二是重视建筑类的物质性历史文化保护，倡导在此基础上的物质文化与非物质文化统筹协调保护。这种总体上更加重视建筑类历史文化保护的观念，主要是因为建筑类遗存的历史记忆具有良好的真实性，同时也似乎因为相关国际机构不需要承担政府的经济社会和民生等职责的非政府组织属性，以及具体组成中的专业领域技术成分的影响。

三是重视历史文化保护的目标、效果与"以人为本"原则的结合，尤其是对历史城市、街区等区块类的保护，提倡关注住区居民的利益，促进、维护社会公平。

四是重视专业对应、措施配套。例如，讲究建筑的传统技艺和工法，关注保护对象的细部构造和工程细节，常态化的历史文化保护的相关科学研究和人才培养；设置特定专业岗位及其责任和权利，不断完善经济支持和违规处罚等政策法规，广泛的公众参与渠道和切实有效的保护权益人、利害关系人参与制度等。

3）求同存异

在保护理念方面初步认识到、在保护规则方面初步认可世界各国、各地、各民族的历史文化多样性，包括物质遗存特点的多样性，非物质文化的传承渠道和方式的多样性，建造材料和水土环境特点、历史演变的路径和历程的多样性，兼持因地制宜、因物制宜的理念。

"罗马的阿皮亚大道修建的同一时期，中华大地统一六国的大秦帝国，修筑起大型防御工事万里长城。罗马的道，中国的墙，两个民族截然不同的思维方式，反映出外向型发展、内向型治理的相反民族性格。其实，性格本无所谓好坏，地中海商贸业发达、中华地大物博农耕久远，主流谋生手段很大程度影响了国家治理和防御的思维方式。……在当代的意大利，高速公路甚至就是直接在曾经的罗马大道上浇筑沥青并继续使用"[①]。

---

① 盐野七生.罗马人的故事——条条大路通罗马[M].韦平和，译.北京：中信出版社，2012.

2. 我国历史文化名城制度的新特点

历史文化保护相关国际性宪章、意见都是非政府的技术性指导文件，我国创立的历史文化名城制度则是政府的法定规范性文件。与上述聚焦于建筑类历史物质遗存保护的指导性文件比较，我国的历史文化名城制度有一些显著的特点，主要差异可以归纳为三个方面。

1）整体空间构成——非均质性

国际上"遗产城市""历史城市""历史名城"等名称虽然不同，但都是指空间独立、遗存占绝对比重的古城。与之相比，除了平遥等个别城市，我国的历史文化名城都是历史文化物质遗存比较丰富的现代城市，遗存相对集中的历史城区也只是城市的一小部分。名城不但与传统的遗存本体空间有关，也与遗存系统历史空间结构和所在城市空间的整体有关，因此历史文化名城保护必须考虑其与现代城市一体化整体空间的非均质关系。

2）名城文化特点——多元动态

起名"历史文化名城"，源于中国城市里的遗产大多与文化有关的基本认识，决定了历史文化名城保护中应当对物质文化和非物质文化兼顾并重，比传统保护理念更加重视"文化"，或者更确切地说是更加重视"非物质文化"在保护中的地位和应当发挥的作用。非物质文化不断演变的基本特性意味着历史文化名城保护不但历史内容更加丰富，科学技术属性也更加广泛，同时也意味着某些保护内容具有动态的特点。

3）保护发展关系——保用并重

因为前两个特点，自然产生了第三个特点。整体空间的非均质和文物文化的多元，在历史文化名城中交汇于一体，因此要求名城需要具有与现代城市相协调的空间结构，否则就不利于历史文化空间的保护；非物质文化和城市的动态性，要求历史文化名城保护必须融入现代城市的发展，而不只是考虑对历史文化的保护。功能及发展水平停滞的历史性区域在现代城市中不可能具有必需的活力，名城的历史文化只能在城市的发展中保护，保护和利用城市历史文化资源也应当服务于发展。

五、名城保护制度的演进和施行历程

1. 制度内容的演进

1982 年 2 月，历史文化名城制度正式创立后，在施行中遇到和产生了一些问题，制度的有关内容和标准等也在不断地进行相应的调整、完善。例如，在历史文化名城的内容和标准调整方面，可以分为四个重要节点。

1）制度创立

1982 年 11 月首次颁布的《中华人民共和国文物保护法》规定，历史文化名城应是"保存文物特别丰富，具有重大历史价值和革命意义的城市"。

这个标准就是此前于当年 2 月公布的第一批国家历史文化名城的命名标准，其中具有"革命意义"的典型城市包括延安、遵义等。

2）调整补充

1986 年 4 月，国务院批转建设部、文化部《关于请公布第二批国家历史文化名城名单的报告》中规定：

第一，不但要看城市的历史，还要着重看当前是否保存有较为丰富、完好的文物古迹和具有重大的历史、科学、艺术价值。

第二，历史文化名城和文物保护单位是有区别的。作为历史文化名城的现状格局和风貌应保留着历史特色，并具有一定的代表城市传统风貌的街区。

第三，保护和合理使用这些历史文化遗产对该城市的性质、布局、建设方针有重要影响。对一些文物古迹比较集中，或能较完整地体现出某一历史时期的传统风貌和民族地方特色的街区、建筑群、小镇、村寨等，可根据它们的历史、科学、艺术价值，核定公布为当地各级"历史文化保护区"。对"历史文化保护区"的保护措施可参照文物保护单位的做法，着重保护整体风貌、特色。

其中明显的新增内容有：

"着重看当前是否保存有"是第一批历史文化名城公布后，针对一些城市希望以"曾经有过"来申报历史文化名城的反馈。笔者当年就曾经数次接待过信心满满的、以仿古一条街来申报历史文化名城的地方人士。

"历史文化名城和文物保护单位是有区别的""现状格局和风貌应保留着历史特色""具有一定的代表城市传统风貌的街区"，初步指出了历史文化名城与文物保护单位的区别，主要是明确了历史城市空间和城市功能区的基础构成——街区的概念。

"保护和合理使用这些历史文化遗产对该城市的性质、布局、建设方针有重要影响"，点明了历史文化名城保护与整个城市现代发展的一体关系。

新增"历史文化保护区"的概念，并明确要求"参照文物保护单位的做法"，深刻影响了历史街区保护的指导原则。

此次新增的这些标准性内容，着重针对解决历史文化名城中的"非均质性"问题，至今仍发挥着重要作用，反映了制度创立后通过实践进行调整完善的准确、快速和高效。

3）明确条件

2017 年 10 月，国务院修订《历史文化名城名镇历史文化名村保护条例》，其中第七条明确了申报历史文化名城的五项条件，是命名历史文化名城的基本条件。五项条件包括：

①保存文物特别丰富；

②历史建筑集中成片；

③保留着传统格局和历史风貌；

④历史上曾经作为政治、经济、文化、交通中心或者军事要地，或者发生过重要历史事件，或者其传统产业、历史上建设的重大工程对本地区的发展产生过重要影响，或者能够集中反映本地区建筑的文化特色、民族特色；

⑤在所申报的历史文化名城保护范围内有 2 个以上的历史文化街区。

4）历史演进

2020 年 8 月，住房和城乡建设部、国家文物局联合发布的文件中还明确了国家历史文化名城的内容包括新民主主义革命、社会主义建设、改革开放等时期革命和建设的历史文化[①]，充分体现了历史文化名城保护与时俱进的精神。

中共中央办公厅、国务院办公厅下发文件进一步明确要求建立分类科学、保护有力、管理有效的城乡历史文化保护传承体系，目的是在城乡建设中全面保护好中国古代、近现代历史文化遗产和当代重要建设成果，全方位展现中华民族悠久连续的文明历史、中国近现代历史进程、中国共产党团结带领中国人民不懈

---

① 见《国家历史文化名城申报管理办法（试行）》。

奋斗的光辉历程、中华人民共和国成立与发展历程、改革开放和社会主义现代化建设的伟大征程[①]。

这份文件的发布标志着我国的历史文化保护工作全面进入了一个崭新阶段，是新时代历史文化名城保护的总体指导方针。

2. 制度施行的历程

历史文化名城制度施行四十余年的历程，如果以实际工作的主要内容为重点进行划分，可以分为四个阶段、四个 10 年。

1）第一个 10 年，组织申报阶段

宣传历史文化保护的重要性，各地集中组织申报国家级和省级历史文化名城。截至 1994 年 1 月 4 日，分三批共公布了 99 座国家历史文化名城，此后近 30 年又新增了 44 座。

第一个 10 年中，为了挽回"文化大革命""破四旧"的负面影响，急需向"保护历史文化"的观念转变。当时举国"以经济建设为中心"，全社会都在积极发展生产，力求改善人民生活，但实际上各地普遍还在解决"吃饱饭、有房住"的问题，没有力量广泛顾及历史文化遗产的保护。所以当时各地最重要的工作是先申报历史文化名城，将其圈起来、留下来，"不动它就是保护"。

2）第二个 10 年，实践探索阶段

随着经济建设的发展、社会文明程度的提高和历史文化保护制度的完善，各地较普遍地认识到了历史文化的重要性，一般可以做到不主动损坏历史文化遗产。

---

① 见《关于在城乡建设中加强历史文化保护传承的意见》。

保护工作也开始由历史文化名城保护向历史文化街区保护深化，一些名城开始探索一般传统民居的保护实施。例如，20 世纪 90 年代后期，苏州市对传统民居建筑的修缮保护每平方米补贴约 3000 元，和当时新建住宅的市场销售价基本持平，补贴力度之大可见一斑，充分说明了地方政府对历史文化遗产保护的重视。

3）第三个 10 年，普遍试点阶段

全国各地普遍开始推进保护实施试点工作，修编历史文化名城保护规划，编制历史街区保护规划。

保护理念也进一步深化，不仅强调保护，而且开始重视利用。当时因为多是政府直接组织进行保护，且对文物、文化作用的理解存在局限，利用功能范围不广，多将历史文化建筑作为老年活动中心和各级行政事业单位、社区管理办公等公益性设施使用。

4）第四个 10 年，深化发展阶段

历史文化保护和利用已经成为业内的自觉，并开始形成社会的广泛共识。

"以人民为中心""在发展中保护，在保护中发展"的总体导向，对历史文化保护工作提出一系列新要求；在国内国际双循环发展和高品质存量发展的背景下，城市更新成为城市空间主要的发展方式，"在城乡建设中加强历史文化保护传承"是最新的保护要求。

随着保护从易到难的实施推进，历史文化名城保护方面的一些瓶颈问题近年来也日益显现，并随着保护的深入和要求的提高而日益尖锐。保护理念方面如原真性，尤其是真实性的具体定义问题，保护目标方面如传统民居的现代宜居问题，保护路径方面如维修、重建等方式问题，保护手段方面如传统营造技艺的专业化、时代真实性传承等，这些问题至今尚无行之有效并达成共识的解决之道。

3. 制度的启示

通过以上的回顾，可以看出，历史文化名城制度创立于特殊历史时期，具有紧迫应对的特点，经历了不断完善的过程，对我国的历史文化保护传承工作起到了十分显著的历史性作用。

历次调整完善说明，任何制度都离不开经济社会和文化文明的发展基础，都要适用于当时所处的阶段，适合于客观的发展条件、发展能力，适应于正确的发展趋势。特别是创立的新生事物，更是必然需要一个通过实践检验、逐步完善的过程。

我国历史文化名城制度创立五年后，1987 年举办的国际古迹遗址理事会第 8 届全体大会上通过了《保护历史城镇与城区宪章》（即《华盛顿宪章》)，其中规定了保护历史城镇和城区的原则、目标和一些方法导向，提出"保护历史城镇与城区"意味着这种城镇和城区的保护、保存和修复及其发展并和谐地适应现代生活所需的各种步骤。

历史文化保护和传承的总体目标相同，但适宜于具体遗存的保护理念和方法、标准各有不同，也不可能相同，世界的丰富多彩即源于此。

历史文化名城制度自身也已成为一种文化现象。相关各界的前辈们在历史文化名城制度创立和施行的历程中，建立了不朽的功绩，形成了宝贵的文化。例如针对问题、重视效果的务实精神，科学借鉴、因文制宜的创新精神，精益求精、不断完善的进取精神。

　　秉承这样的精神，在新时代的城乡历史文化保护传承体系构建中，历史文化名城保护领域当前还有很多问题需要进行理念的探讨、方法的探索、实践的探路。

　　本书纸上谈兵，尝试进行保护理念的探讨和保护方法等方面的探索，以期为保护实践的探路助力。

二探名城内涵

无论是我国的"历史文化名城",还是国际上的"历史城市",即使如布拉格、威尼斯、平遥那样的城市形态、街巷和建筑等基本整体保持历史原物的"世界遗产城市",根据相关制度、宪章对它们的定义,首先也都是现存的城市,不是城市遗迹、遗址;都是现代城市,不是古代城市。因此历史文化名城的内涵不可能只由历史文化遗存构成。

历史文化名城中,既有历史要素,同时也有且基本更多的是现代要素;既有历史文化本身的要素,同时也有且甚至更多的是其他的城市要素;即使如世界遗产城市那样拥有丰富甚至完整的历史文化物质类遗存基底,也仍然是为当代需求服务的现代的城市。

1986 年 4 月第二批国家历史文化名城公布时,国家历史文化名城申报条件的第三条中载明:"保护和合理使用这些历史文化遗产对该城市的性质、布局、建设方针有重要影响"。

鸡与鸡蛋、种子与芽苗之间的内涵都不一样,历史文化名城与历史文化遗产的内涵也不可能相同。对于历史文化名城的内涵应当努力探究,首先弄清楚其"是什么",在哪些方面有什么"重要影响",以利于理解应当"保什么",应该"怎么保"和选择"怎么用"。

一、历史、文化与名城的关系

可以把历史文化名城分为历史、文化和名城三个词，以便于分析梳理其相互关系。

1. 历史与名城的关系

1）历史的物质类遗存是历史文化名城的主要依据

物质类遗存是城市历史的现存、城市演进的现状，不是曾经的风貌、物体的复原，物质类现状遗存是命名"历史文化名城"最根本的条件。无论是从时间角度还是物质角度，历史都不可能再现。因此，现状遗存的旧物、旧貌是历史文化名城保护的基础。对历史上曾经有过但现已不存在的物体，所有进行重建、仿建的都不是历史旧物，目前仍不属于历史文化名城保护的物质对象内涵。

2）历史的非物质遗存是历史文化名城的重要组成

历史文化名城的历史演进中，曾经存在和发生过，但现状已经没有实物存在的特殊事物、重要事件，也都是名城发展历程中的节点，并经过历史的淘汰和选择，已经转化为非物质文化形态存在。这类由原物质文化转化而成的非物质文化，与科学、宗教、艺术、风俗等非物质文化类似，都是名城历史文化的组成部分，也应属于历史文化名城保护的内容。

3）重要建（构）筑物重建是我国的一种建设传统

在这类本由物质文化转化而成的单纯性非物质文化中，对城市具有标志性、激励性或纪念性，对城市非常重要的非物质历史文化内容，在古代社会中也经常被反转为物质文化形态。例如一些著名的楼、阁、塔、寺等，在历史上历经多次损毁，原址或易地屡次恢复重建而名称千年不改，充分体现了不同时代的人们，以各自时代的营造技艺和建筑风貌，传承了同一个或同一个系列的精神，成为今天保护的物质类历史文化。

2. 文化与名城的关系

与"历史城市"的字面含义相比，"历史文化名城"旗帜鲜明地加入"文化"二字，更加强调物质遗存所包含、附着或关联的非物质文化要素，同时重视对物质和非物质两类文化及其相互关系的保护利用，而不仅是关注物质原真、环境原貌的保护。

作为历史文化名城的内涵要素，物质文化是其表，非物质文化是其魂，保护历史文化名城不应顾此失彼。事实上二者在城市中的形成、演进直至遗存的历程中也不会分离，如果能够良好、恰当地结合交融，即所谓"文质彬彬，然后君子"[1]。

1）物质不能脱离非物质而独立存在

在这种状态下，物质文化是显性的，例如建筑物的造型、体量、质感、色彩等；非物质文化是隐性的，例如物质的来源和经历、功能、影响等，相关几何尺寸、成形技艺其实就是建筑物体无法分离、不可或缺的两种非物质文化。

2）非物质也不能脱离物质而独立存在，但存在特性反之

在这种状态下，非物质文化是显性的，例如各种记载、口口相传等；物质文化成了隐性的，但是仍然不改变其作为非物质文化基础的关系，例如唐代洛阳的明堂、明代南京的大报恩寺琉璃塔的记载和口传都以当年的实物为基础。当然，任何记载和口传都不能与实物的确证作用相提并论，这也是历史文化保护重视

---

① 见《论语·雍也》。

物质、重视原物的根本原因。

3）物质、文化的基本特性

物质、文化这两个词的汉字组成直接体现了各自的基本特性："物"重"质"，质量、品质；"文"在"化"，变化、演化。这两个各自分别具有的基本特性，是所有历史文化保护都必须考虑和应对的基础性内容。

4）传统营造文化是历史文化名城保护的基础性非物质文化

1998年10月，联合国教科文组织通过了《人类口头和非物质遗产代表作宣布计划》，对"人类口头和非物质遗产"作出明确定义，"它的形式包括：语言、文学、音乐、舞蹈、游戏、神话、礼仪、习俗、手工艺、建筑术及其他艺术"。这些都是历史文化名城的构成内涵，而因为物质类的保护是历史文化名城最基本的主要任务，其中的"建筑术"，既是名城保护离不开的手段，本身也直接是名城保护的重要非物质文化内容，因此对于名城保护具有特别关键的双重意义和作用。

3. 历史、文化、名城的内涵相关性

市区是历史文化名城的本体，历史城区是历史文化名城的主体，历史地段是历史文化名城现存的重点传统地域范围。

历史保护重在物质现状，文化保护重在系列传承，二者紧密关联、相辅相成。名城是历史文化的空间载体，从保护的角度，有物质文化和非物质文化等不同领域，有城区、旧城区和历史城区、历史街区和历史地段、文物古迹和历史建筑等不同层次；不同领域和每个层次各有相应的范围、内容和保护的重点对象。

总体上，历史文化是城市现代生活的一种构成，历史文化物质遗存是城市现状空间的组成部分，城市的内涵总是多于历史文化的内涵。这样的组织关系决定了历史、文化和名城的内涵相关性特点，并随着各部分的比重、结构的不同而有相应的作用区别；在特定层次和具体范围内，往往还可能具有主次、轻重、先后的角色区别。其内涵相关性可以关注以下几点：

1）保护优先性

历史文化具有现代的文化和未来的文化都无法产生、不可代替的独特价值，因此在相关发展的各种考量中应该把保护放在优先的次序，也可以说，本质上应把对不可代替的独特价值的保护放在优先位置。同时因为历史文化遗存的功能、质量、活力等方面在现代发展文化大潮中的脆弱性，特别是物质遗存的不可替代性，其更需要专门的保护、专业的呵护。

2）客观整体性

历史文化遗存是现代城市不可分割的一个组成部分，即使是一座完整的、全部由历史性建筑组成的历史城市，只要仍在正常使用和运行，就仍然是一座现代的城市；其功能和非物质文化都是由现代或现代式的、运动变化不停的城市主体构成，而不是静止的文物。不同城市的物质性历史文化的占比有大小之分，但即使其占再大的比重也都是直接为现代需求服务的。因此保护历史文化名城，要与城市空间演进的全局利益和经济社会发展的整体需求紧密结合、相得益彰，而不是单纯、片面地只考虑保护历史文化，使保护的"优先性"异化成"一票否决性"。

3）需求一体性

在任何一座现代城市中，基本没有历史文化物质遗存保护得很好，而现代城市生活水平低下的现象，这说明历史文化物质遗存的保护必须依靠相应的经济实力等物质条件支撑。反之，如果城市中只是现代建筑光鲜亮丽，而对历史文化遗存的保护不佳，甚至使其遭到各种损毁、破坏，起码可以说明两点：一是对具体历史文化的独特价值缺乏正确的认识，二是对具体历史遗存的保护尚缺乏有效、可行的方法和措施。这两点的根本症结所在，都是未能把保护历史文化和城市现代发展的需求有机地结合起来，甚至反而是将其对立起来。名城的历史文化要良好保护并有效发挥作用，就需要一体兼顾历史文化保护与经济发展、社会进步和生活改善的需求，协调好保护与发展的关系，让"古代文化与现代文明交相辉映"①。

4）价值全面性

对于历史文化价值的内涵认识，比较传统的主要是历史价值、科学价值、艺术价值。在其后不断增加，直至当前拓展到数十种的关于价值的说法中，这三种价值都必定是位居前列的，因为它们都是历史文化的本体价值，是所有其他相关价值的根据，无根不存、不可替代。但是，保护此"根"的目的和作用并不仅是保护其自身的存在或成为孤芳独赏的"根雕"，而是在"根"之基础上的枝繁叶茂、果实累累。事实上，对于使用价值、经济价值、观赏价值、社会生态价值等新类型、新领域的认识仍在不断拓展、深化。

价值无论怎么分析或拓展，都有其基本规律或规则存在，其中对谁或对什么有价值，价值和效益、利益的关系，是"价值全面性"的两个重要量具。因为人都倾向于关心对自己有价值的事物，就像历史文化保护的专职、专业人员不可能像对历史文化保护一样地关注其他事物；在需要资金投入的领域，功效平衡、收支相抵也是最起码的循环条件。

---

① 见江泽民同志对扬州历史文化名城的题词。

4. 名城与其他历史文化类保护对象的内涵区别

在上述内涵相关性及其影响作用方面，历史文化名城与历史城市、文物保护单位等保护对象的内涵因为各自定义、命名标准的差异，以及前述名城来由的背景、动因，客观存在着一些本质性区别，这些区别对名城保护具有基础性的重要影响。

1）历史文化名城内涵的基本特点

与其他历史文化类保护对象相比，名城有三个最重要的基本特点：

第一，物非兼顾，内容综合。因为考虑到中国的文物大多与文化相关，所以历史文化名城制度的指导思想高度重视文化，重视物质与文化的关系，对物质和非物质文化的保护同时兼顾。

第二，古今共生，整体相关。因为现状遗存众多、城市发展较快，采取一揽子明确保护地位的办法，由此也体现出对历史文化的整体关系的重视，包括文化脉络关系、城市空间演进关系。

第三，保用并重，一体统筹。历史文化名城主要是现代功能的城市，因此必须重视历史与现代和未来发展的演进关系、保护利用与发展的协调关系，强调古为今用地活化传承。

2）历史文化名城与历史城市的主要区别

从表面现象看，二者的区别是新老建筑数量的比例和历史文化影响力的大小，其实质是历史文化遗存作为局部或整体的主体定位和作用的不同。就如麻雀虽小，五脏俱全，也是一个独立的生命体；而象腿再大也只是大象的一个组成部分。主体定位和作用的区别，带来城市发展路径、主导产业门类、生产技能需求和生活方式选择等众多方面的不同。

3）历史文化名城与文物保护单位的区别

二者的内涵有很多重要区别，例如：

①名城是城市整体组织；文物是个体单位，或者是构成基本同质、规模不大的一个功能群体，所以称为"单位"。

②城市在持续发展，文物相对静止于过去。从表面现象看，是保护对象的"动态与静态"；实质上则是对象功能的"有人与无人"，有人必动、无人则静。

③就保护本身而言，可以说，文物保护"以物为本"，名城保护必须"以人为本、人物兼顾"。

因为上述不同类型主体的内涵客观存在着的本质性区别，对于历史城市和文物保护单位的标准规定和具体做法，历史文化名城保护应当借鉴而不可生搬硬套甚至全盘照搬；应把遗存对象的历史文化和城市的现代活力都作为保护追求的基本目标。

5. 历史文化内涵的多样性与名城保护

如果历史是海洋，现存历史文化往往就只是关于海洋的一种或若干种构成系列、一个或若干个组成部分；对历史文化名城的认识要有窥斑见豹的逻辑思维、枝动叶摇的统筹理念。

1）遗存类型多样，需要行业协作、社会参与

历史文化遗存的内容类型多样，性质、特点各不相同，具体内容包括生活和生产、使用和建造、制造等各不相同的行业领域，因此历史文化名城的良好保护需要众多行业同心协力和广泛的社会公众切实参与。

2）遗存时空动力多样，需要动态演进

随着城市空间的拓展、经济社会的发展、交通方式的改变，生活水平的提高、社会文明的进步，特别是保护理念的更新、保

护政策的调整，历史文化遗存的时空范围、时空关系随之而不断变化，名城的历史文化脉络就是在各种发展动力、动因的综合作用下动态演进而成。

3）遗存品质多样，需要分别专业应对

历史文化遗存的主体品质多样，具有不同的科学属性，即使同类、同种也存在着品相和质地的差别。保哪些对象、保什么内容、保何种价值，往往需要具体进行复杂、细致的比较和选择，需要加强专业技术应对，以科学的保护组织促进实现真实保护的效果。

4）遗存环境条件多样，需要融入现代城市生态

历史文化遗存的产生环境、发展环境与城市的关系各有其自身逻辑，演变至今的现状环境的变化更是多种多样。此外，现代城市的类型和发展路径的丰富性，特别是现代交通运输的技术性要求都远高于遗存产生的传统农耕时代。如何对待不同时代的城市与环境的关系，需要因地制宜、因时制宜，从保护目标的可行性、保护方法的策略等方面，寻求融入现代的自然和社会生态的解决之道。

5）遗存意义作用多样，需要具体明确

历史文化遗存的意义、作用的不同，客观上影响保护的目的和目标的实际内涵。意义有宏微观、类型等方面的区别，具体对象的保护目的不能仅仅宏观、笼统地归为"文化自信"；保护作用有大小、直接和间接等区别，明确对应保护对象的具体价值方能体现出保护的意义。

二、历史文化名城应当保护的文化

城市都有丰富的文化内涵，从历史文化名城的保护范畴，主要应当关注以下一些内容。

1. 名城的文化根基

历史文化名城制度能够独具特色创立，名城的各种保护内容、保护原则方法等，都有不可忽视的传统文化的根基。其中普遍产生直接影响的有两个基本观念：礼制秩序，天人合一。

礼制秩序本属于伦理道德范畴，有文字确证的历史。从《周礼》即已经把礼制拓展到了建筑物和城市空间的等级秩序。众多古代城市遗址也实证了，远在周朝以前，群体关系和等级秩序就已成为城市和建筑群普遍应用的基本营造法则。

天人合一是对人与自然关系的总体认识，既是自然观、宇宙观，也是生命观、生活观，渗透在思想、礼制（天道即是人道，公理需循天理）、医学、餐饮等各个领域，建筑和城市更是这个文化传统的具体形象表达。

数千年沿袭直至清末，从京城到县城，都遵循以"阴阳五行"为基础的布局理念；从皇宫到民宅，都是由若干建筑单体和院落按照礼制规则和"阴阳五行"方位构成的一个群体，而不是某座建筑物的孤立存在。民间更有由此演化而来、在很多情况下借题发挥的各种风水观念或习俗。

由此可见，具有中国文化传统的城市和建筑不仅必须遵守自然科学的物质性客观规律，还都包含了对非物质文化传统规则的遵循；城市、建筑本体是物质象征，文化精神是本体的非物质内涵，两者必须有机结合才能形神兼备。因此，历史文化名城的内涵文化包括了物质和非物质两个方面。

2. 名城保护的对象

《历史文化名城保护理论与规划》一书中把保护对象分为以

下四类 [1]：

①文物古迹

包括各类古建筑、古园林，历史遗迹、遗址，杰出人物的纪念地，古树、古桥等。

②历史地段

包括文物古迹地段和历史街区两种类型。文物古迹地段指由文物古迹（包括遗迹）集中的地区及其周围的环境组成的地段；历史街区是指保存有一定数量和规模的历史建（构）筑物且风貌相对完整的生活地区。

③古城风貌特色

包括古城空间格局、自然环境及建筑风格三项主要内容。其中，古城空间格局包括古城的平面形状、方位轴线以及与之相关联的道路骨架、河网水系等，古城自然环境包括城市及其郊区的景观特征和生态环境方面的内容，包括重要地形、地貌和重要历史内容和有关的山川、树木、原野特征，城市建筑风格包括建筑的式样、高度、体量、材料、色彩、平面设计乃至与周围建筑的关系处理等多因素综合性内容。

④历史传统文化

包括如传统艺术、民间工艺、民俗精华、名人轶事、传统产业等，它们和有形文物相互依存相互烘托，共同反映着城市的历史文化积淀，共同构成城市珍贵的历史文化遗产。

关于名城保护的对象和分类，《中国古都和文化》《历史城市保护学导论》《中国历史文化名城通论》等专著中，都有相当全面的、各自的观点阐述，充分体现了历史文化保护对象的丰富性

---

① 阮仪三，王景慧，王林.历史文化名城保护理论与规划[M].上海：同济大学出版社，1999.

和复杂性，并得到了学者们的广泛关注。

在名城保护的施行操作中，保护对象是明确、具体的目标物，保护操作应当针对其所具有的历史文化价值，有目的地进行，而不是简单地"逢古即保"。首先需要对具体保护对象"应保护"的价值及其依据进行研究，使保护对象所具有的历史文化意义具体化，以全面、恰当地明确相关保护内容。在此基础上还应考虑保护所需要的相关条件，特别是刚性的条件，以对保护方案的实施可行性进行研判，为选择和确定具体的保护对象、保护内容和保护配套措施等提供依据，同时还应当统筹兼顾拟选择的保护方案与城市相关发展的协调关系。

3. 名城保护的文化形态

从存在形式角度，历史文化名城的保护内容总体上可以分为物质形态和非物质形态两个方面，两种形态各有具体内容和特点。

物质和非物质这两种形态是融合共存的，但按照保护的专业性需要，各自都应分门别类，都可划分不同等级。因此在具体保护工作中，对保护内容应当按其专业属性进行分类，按其品质和影响力进行分等。

保护物质文化同时还需要研究和保护相应非物质文化，例如民居与生活居住、产业建筑与产业文化和企业文化等；保护非物质文化也需要研究、保护或提供相应物质——例如名人与故居、历史事件与发生地点、戏曲与发源地点或活动空间载体等。相关的物质与非物质客观上是密不可分的。

1）物质形态

物质形态的文化遗存是"历史文化名城"的称号得以成立的

最基本依据。如果没有这类遗存，历史文化便只是文图记载和传说，这样的城市空间载体就不能称为历史文化名城，而只是现代城市、"历史上的名城"。物质形态主要包括以下三个方面。

①名城的重点是历史城区的空间形态要素

各类有形要素的空间展现和组织构成城市的空间形态，通俗地说就是城市的"长相"。城区空间形态要素是历史文化名城与文物保护单位在保护内容方面最重要的区别，如果没有了城区历史空间形态要素，名城保护的内容似乎基本上就类似于扩大范围、增加等级和数量的文物保护内容了。

名城的空间形态包括：历史上城区的几何形状、城区内的布局结构、道路街巷网络、各类建构筑物的体量和街巷空间的尺度等。名城空间形态的形成，"一方面受城市所在地理环境的制约和影响，另一方面受不同的社会文化模式、历史发展进程的影响，形成城市文化景观上的差异"[①]。

名城空间形态，首先是立体几何空间形态的保护；在此基础上，还应当同时重点协调保护好三个关系——时代关系、虚实关系、功能关系。这三个关系的有无是历史文化名城和文物在专业内涵方面的关键区别。

第一，时代关系，需要按照城市历史发展的客观史实，分朝代、分阶段、分特殊年代，重点体现名城演进的历史文化系统脉络和代表性的事物，是城市历史的立体性展示。

第二，虚实关系，指保护对象与其关联要素的关系。例如具体分析保护建筑主体的交通量与交通条件、建筑品质与现代使用、本体形象与周边风貌等，是保护对象的生态环境。

---

① 阮仪三，王景慧，王林. 历史文化名城保护理论与规划 [M]. 上海：同济大学出版社，1999.

第三，功能关系，是历史文化名城保护中最复杂、最困难的问题。在以"历史"衡量的时期中，随着经济发展、社会变革、科技进步、文明提升、风俗移易，任何居民点都会自然发生和人为产生各种各样的改变，否则就不可能出现"保护历史文化"的命题。"功能"本质上是"非物质"，属于"用"，石头建造的神庙、宫殿可以保护其原真物质形态，但无法保护也不需要保护当初功能的非物质文化。历史文化名城是活着的、动态发展中的城市，也是由根脉长大的城市。因此，历史空间形态如何与现代功能演进相互协调、支持，一般都是名城保护不应回避和无法回避的问题。特别对于空间规模扩展大的城市，如何保护某些轴线、视廊更是常见的争议问题。

②名城的历史文化物质遗存及其组织要素

此类要素主要包括各种建、构筑物，铺地、井栏等小品，以及它们之间的有机联系，此外还有地下文物和地下文物埋藏区等。其中的各种不可移动等级文物属于《中华人民共和国文物保护法》直接管辖，也是名城物质遗存保护的重要组成部分。按目前的管理要求，已经获得命名的历史文化街区和历史地段、历史建筑、近现代优秀建筑，是历史文化名城保护最直接的对象；本体有适合条件、近期可能获得命名的这类对象，以及其他一般性传统建筑，也都是名城保护的内容。

历史文化街区，是古建筑集中地段，或以古建筑为主，包括其他年代建筑物的成片建筑群组，其中建筑物的功能以住宅和居住生活为主，或者占有较大比重。2021年，《住房和城乡建设部办公厅关于进一步加强历史文化街区和历史建筑保护工作的通知》提出新要求，"丰富历史文化街区和历史建筑的内涵和类型，及时将符合标准的老厂区、老港区、老校区、老居住区等划定为历史文化街区"。目前，申报国家历史文化名城要求具备的条件之一，就是必须有不少于两个、每个占地面积不小于1公顷的历史文化街区；而且要求街区中的历史性建筑保留面积不得小于60%，各地对省级名城也有大同小异的类似规定。

因此，上述规定内容是历史文化名城的基本内容，保护好历史文化街区是历史文化名城保护的刚性任务。正因为街区的住宅形式和居住生活功能在建筑工程、社会习俗和生活水平等方面的传统特点，加之其是名城必有的基本条件，历史文化街区的活化保护目前已成为名城保护的重点和难点。

历史地段，也是古建筑集中地段，或以古建筑为主，包括其他年代建筑物的成片建筑群组。与历史文化街区的区别主要有两点：第一，历史地段不是法定技术管理单元，对其中的古建筑面积及其保留面积没有明确的比例要求，但一般在保护施行中多参照对于历史文化街区的做法；第二，历史地段不强调以住宅和居住生活为主，对所有建筑物的历史文化功能没有限制范围。按照"丰富历史文化街区和历史建筑的内涵和类型"的新要求，其中的生产类、教育类等不少历史地段也都可以明确为历史文化街区。

与历史文化街区相比，历史地段因为没有大量必须保留的传统民居，也就没有必须保留、传承的非物质性传统生活居住文化，对其融入现代的活化利用在规划设计技术方面相对容易，重点在于结合现代和市场需求，充分发挥创造力，对地段的优秀历史文化进行合理的传承、利用和创新。

历史建筑，是不属于法定等级文物保护单位的古建筑，主要包括中国传统建筑及其他传统风格的建筑，例如民国时期的中西合璧或西洋式建筑等。历史建筑的命名标准要求[1]大致如下：范

---

[1]　见《住房和城乡建设部办公厅关于进一步加强历史文化街区和历史建筑保护工作的通知》。

围是未核定公布为文物保护单位、也未定级为不可移动文物的建筑；基本条件分为四类，一是具有突出的历史文化价值，二是具有较高的建筑艺术特征，三是具有一定的科学文化价值，四是具有其他价值特色，同时对每类条件都作了具体细化要求。

与其他类建筑相比，历史建筑有两个特点应予重点关注。

一是区别于一般老旧建筑，历史建筑应当尽可能保留、维护建筑外部形象，以保护建筑本体、传承城市传统风貌。根据这个特点，选择、确定历史建筑应同时考量其工程质量，外部形象遗存的工程质量已无法原物保留的，就不适合确定为历史建筑，不然就需要附加外部也可以重修的要求，否则就可能留下违反保护原则的隐患。

二是区别于等级文物建筑，历史建筑内部可以按照现代相关标准和利用需求，进行规模适度、方式适当的改造，以重新焕发历史建筑的现代生命力。根据这个特点，在对具体历史建筑的保护利用中，需要对内部改造的技术必要性和方向合理性，以及规模何为"适度"、方式如何"适当"进行研究判别，以充分利用技术政策空间、把握好优化更新尺度，避免不当地参照等级文物建筑的保护标准和方法，制约历史建筑价值的发挥。

近现代优秀建筑，按照原建设部的规定："一般是指从十九世纪中期至二十世纪五十年代建设的，能够反映城市发展历史、具有较高历史文化价值的建筑物和构筑物。……包括反映一定时期城市建设历史与建筑风格、具有较高建筑艺术水平的建筑物和构筑物，以及重要的名人故居和曾经作为城市优秀传统文化载体的建筑物"[1]，并明确了对其进行保护的具体要求（基本参照历史文

---

[1] 见《关于加强对城市优秀近现代建筑规划保护工作的指导意见》。

化保护）。这项规定适用于全国，历史文化名城当然不会例外。

该规定在近现代优秀建筑的命名条件中，有两个特点应予关注：一是代表性，能够代表城市历史文化演进的节点、事件或人物的载体，代表该历史时期的建设历程、建造水平和建筑艺术；二是检验性，符合规定时间范围的建（构）筑物都已历经了一百多年，至少五十年的使用检验和社会评价，优劣早已众所周知，容易形成广泛共识。

名人建筑，常规性的例如各类各地的名人旧居、故居，实践中甚至有扩展范围至生活过、工作过、经过的建筑；名人设计的建筑，都是比较著名的建筑师的设计作品。这两类建筑保护的实质其实都是，或者说都首先是非物质文化内涵的价值，而不一定是建筑本体的价值。

在保护实际施行中应关注几个问题：在具体城市，名人的标准是什么；名人在此居住或工作属于临时、短期或长期，建筑作为载体的事件重要性等范围；著名建筑师的设计作品通常具有较高的艺术价值，但名人作品并非都是名作，还应当考量建筑本体的价值，如果经过一个历史时期仍然得不到社会广泛好评，建筑的保护价值就值得质疑。

③名城所根植的历史自然地理环境

具体的历史自然地理环境条件，特别是山水和城市的脉络关系，自古以来就是城市等居民点的首要选址条件，还有历史上的重要道路和桥梁、古树等，它们对历史文化的产生和生长具有不可或缺、不可替代的作用，是名城得以产生和形成不同特色的基础、无可替代的历史证物。

脱离所根植的自然历史条件的土壤，名城就难明所源，其价值就难以充分显现，甚至受到损害。保护历史文化的环境生态，包括人与环境的相关关系，以及由这种关系产生的遗存、遗传，就是保护名城的根基和脉络，传承"天人合一"的传统文化精髓。

同时也正因为自然地理环境是城市依托和发展不可或缺的基础，在历史演进过程中，随着城市规模扩大、性质改变、功能增强和交通方式进步等需求的变化，还有大自然本身对地理环境的影响，历史的自然地理环境在人为和自然的双重作用下一般都会产生相应的变化，水陆交通网络与城市的关系通常有较大，甚至根本性的变化，这种现象也是"人与自然"关系协调的产物。因此，保护自然地理环境应当尊重历史的演进，同时必须协调好其与现代需求乃至将来的关系。

2）非物质形态

物质是非物质之基，非物质是物质之魂；人们欣赏建筑的形象美，形象的价值本质也是非物质要素，"当其无，有室之用"仍然是用非物质。非物质形态的文化遗存总体上是名城文化的历史来源，与历史文化名城保护直接相关的主要内容可以分为四大类：生活类、生产类、文娱类、精神类。

①生活类如城市的生活起居、餐饮、消闲、休憩等日常生活方式、习惯和特点

这些内容就像名城历史文化的水土，自然、恒在、平常，但名城的很多特色都以此为基或与之相关，有些内容如特色餐饮及其技艺、休憩方式和特有节庆等，直接就是城市特色的重要组成部分。历史街区、历史地段、传统景观区和专业性、专用性的建筑物、场所是保护这类非物质文化的主要空间载体。

②生产类是城市的优秀传统产业

对于传统产业应当保护的基本前提条件是其历史上就是优秀

的，从而能够延续为传统，尤以能够赋予城市现代竞争力的当地特色产业为佳。

优秀传统产业的保护内容，一般可以分为四个部分和两个层面：产品部分、设备部分、规则部分、载体部分；企业层面文化、行业层面文化。四个部分具体包括：该产业的各种产品和副产品；所有的，特别是关键的生产设备；指导、规范生产的产品的技术标准和管理规章制度；与生产直接相关的各类建（构）筑物和场地、码头等空间载体设施，包括厂区范围内的办公用房、职工宿舍或住宅，以及食堂、洗浴、厨厕等服务设施。两个层面的文化是指具体保护对象层面的企业文化、该企业所属行业的相关文化。

其中的载体部分本是物质文化遗存，但考虑到保护产业文化遗产往往容易局限于保护产业的生产建筑范畴，而且往往倾向于将车间、库房、站房等专业类生产建筑改变为一般性文旅或其他功能，因此在非物质文化部分作交叉重叠表述。旨在强调：产业建筑只是产业的载体，不是主体，在产业文化遗产中属于附属地位，离开了产业文化主体的产业建筑就只是一座特别的，有时甚至是奇怪的房子，保护优秀传统产业文化应避免喧宾夺主，否则就只是对生产建筑的保护利用，而不能等同于对产业文化的保护利用。

对优秀传统产业的保护，总体上可以分为三类：真实传承保护、优化创新保护、标本展示保护。

真实传承保护，对应用于至今仍然优秀、社会有普遍需求的产业，日常正常运行就是最好的保护。

优化创新保护，对应用于历史上优秀、现在需要或可以更加优秀的产业，例如历经千年传承发展的苏绣，现在已经创新开发出绣面中的花朵可以开闭、蝴蝶能够展翅的新品。

标本展示保护，对应用于历史上曾经优秀过、按现代习惯已不优秀，以及至今仍然优秀，但已不能适应现代社会普遍需求，共性特点是已经失去了现代生命力。标本展示保护的常用方式也有三种：实物展示，普遍适用；影像展示，实物不易保存或展示的适用；实物生产性保护展示，一般用于特别珍稀、现代有少量或特殊需求的传统产业。例如，江苏省如皋市的传统丝毯，因丝材精致、工艺复杂、用工专长、价格不菲而难有市场，而独特的文化价值使之成为国家级非物质文化遗产，结合历史文化保护和国礼需要，保留了个别织机进行实物生产性保护，生产场所同时作为旅游点，向社会展示传统丝毯文化。

③文娱类包括各类优秀传统文化性技艺和娱乐性产品

此类文化多已被纳入非物质文化遗产名录进行保护，并得到了社会的广泛关注。文娱类历史文化遗产内容的一般共性特征似可关注以下三点，一是丰富多彩、不可胜数，适宜看作用、抓重点；二是动态显著、不断演进，需要辨脉络、保真实；三是内涵复杂、良莠并存，应当去糟粕、护精华。

在历史文化名城保护中，对于文娱类非物质文化重在保护其物质性载体，尤其是原发性、始发性的空间载体，并通过保护空间关系来保护它们之间的文化关系。

④精神类指社会群体的精神文明风貌

这类内容如家风族训、社会礼仪、卫生习俗、公共道德、价值崇尚等，都是城市社会生态品质的体现，是一种城市精神。历史文化传统中有很多优秀的内容、品质和精神，尤其是具有鲜明地方特色者，对其延续传承、发扬光大是历史文化名城保护应当关注的内容。

三、名城历史文化的三个基本特性

空间性、时间性、复合交融性，这些特性的内容体现了名城与文物的基本区别，也是名城保护区别于文物保护的主要依据。

1. 空间性

空间性是历史文化名城的基本特性之一，名城空间的方位朝向、布局结构如星象图似的稳定恒在，所有物质文化遗存都占据空间，所有非物质文化遗存都有其空间或空间性载体。区别于文物等其他相对均质的空间，对于名城非均质空间的特点，其保护重在把握其整体的系统性和演进性。

对名城空间的考量、欣赏等存在着多种不同角度的理解。例如，历史空间是其基础，文化空间显其灵魂，社会空间体现功能，审美空间展示艺术，伦理空间反映道德，经济空间衡量效益等，各个不同的观察角度共同构成名城空间保护的全局系统视野。

对名城空间进行保护，需要统筹这些不同角度的观点，以形成同一个美好和谐的、具有历史文化传统的现代城市空间。同时，因为历史空间是名城的基础，所以任何协调工作都应以名城历史空间为前提，以保护名城历史空间为基本原则。如果历史空间不存在了或产生了根本性的改变，讨论的就是另一个命题。

城市的历史空间，根植于自然地理环境，古有相地之术；首要在方位、结构、形态，遵循天理、兵理、伦理；自然乡土材料、人工营造尺度、非机动交通方式，这些都是历史空间的基本构成要素和因素。

历史文化名城不是历史城市，而是历史城市的延续和演进发展的城市，必须考虑与现代条件和需求的空间系统关系，这就自然、必然地产生需要解决的空间统筹协调问题。例如：

在历史空间构成方面，有城市总体布局和历史城区的空间结构关系，以及历史城区、历史地段、保护单元等层次及其范围的划分依据；

在历史空间功能方面，传统生产生活方式面临不可同日而语的现代生产方式和社会总体生活水平的无情淘汰；

在历史空间尺度方面，非机动交通尺度面临机动交通方式多样化普及的冲击；

在历史空间物质要素方面，自然乡土材料面临现代化大生产的各种新型材料的技术性能和经济优势，以及保护环境和耕地的政策要求；

在历史空间形成方法方面，传统人工营造面临现代建造效率、建设组织方式和制造水平的激烈竞争。

2. 时间性

时间性也是历史文化名城的基本特性之一，相对于传统以建筑类的特定时间静态为对象的保护内涵，是特别重要的基础性区别。时间的动态是生命体的特征，不同于对标本的作用。历史文化名城是历史时期的产物，也是活着的生命体，而不是标本式的文物；并且还将在现状基础上继续演进发展，形成和创造未来的历史，名城空间不是到此为止。

因此，历史文化名城的时间性特点体现在"连续性""延续性""持续性"。针对这个特点，就应当在保护好历史文化脉络的前提下考虑名城的"动态性""生长性""发展性"。

保护，重在连续性，立足现在，保留过去的结构，并合理延续脉络及其功能，努力争取与物质和非物质两种形态相关的文化的兼顾保护、协调传承。

优化，包括修缮和改善、改变，重在文脉的纯真，是过去的形式和功能在现今的投射。

新民主主义革命的史迹、社会主义建设时代的近现代优秀建筑等，当前已被纳入了保护的视野；再过一百年，今天的现代化高楼大厦的居住小区中，经过历史的检验和淘汰后的精品，也必定会成为历史街区类的历史文化保护对象。

中国传统文化的一个突出方面是对古老事物的敬畏和尊崇，也理解和强调"苟日新、日日新、又日新"的文化精神。这种对传统和更新的兼容认识，是中国的历史文化传统，包含了对新陈代谢过程中客观特性的理解，同样也是历史文化名城保护应当传承的精神和发扬光大的原则。

3. 复合交融性

复合交融是一种普遍存在的现象，但在历史文化名城的保护中尤为错综复杂，使相关决策选择的难度明显增加。其复杂性主要体现在时间、内涵、目标等三个方面。

时间方面，属于历史演进的复杂性。城市都有过去、现在和未来，都应当保护自己的历史文化。但与其他城市相比，名城的历史份额明显更大，保护历史文化成为刚性任务，对于保护哪些历史文化有明确要求，如何保护历史文化须遵守相关规则。需要正确认识、妥善协调过去、现在与未来的关系，使过去成为现在以及未来的资源、养料和荣光，避免因为应对失当而使得过去成为发展前程中的包袱。

内涵方面，属于文化产生的复杂性。不但有常规的经济与社会的复合交融关系，同时还要考虑经济、社会与历史文化的复合交融关系；还有物质文化与非物质文化、文化主体与特定空间载体、物质主体和特定文化内涵等多种不同类型和特性的复合交融关系并存。内涵主体都伴生着效益需求，丰富的内涵带来多样的诉求，其中还有可能存在此消彼长的利益关系，增加了效益协调的复杂性。

目标方面，则是历史文化复合交融特点所伴生的复杂性。首先是多种内涵的效益诉求，增加了确定总体目标的综合协调的难度；其次是多种空间和时间、需求和要求的交汇，增加了在保护、发展与必要淘汰之间比选的复杂性。必须开展深入细致的调查梳理和分析研究，科学进行比选，以作出正确的选择。

四、名城历史文化内涵的意义、作用在保护中需要具体化

历史文化的意义和作用都是其价值属性的内涵，因此与历史文化的价值类同，也是多种多样的。具体历史文化的意义，客观上都是该历史文化的自身价值所在，也直接受主观理解的影响；对于具体对象的历史文化作用，需要通过保护和利用，使得该历史文化的自身价值能够发挥和实现。

有别于历史文化名城的全局性、综合性，丰富多样的具体历史文化的意义和作用各有千秋，在弘扬中华文化、展现文化自信的纲领性意义和作用下，还需要针对分析、对号明确。

1. 保护意义的具体化

保护意义有很多类型，对应历史文化价值，有历史意义、科学意义、艺术意义，精神意义、经济意义、社会意义等。清晰的历史文化意义可以形成明确的保护目的。

例如，对一座宗族祠堂的保护，具有作为了解宗族社会和该宗族窗口的历史意义，研究、鉴赏其历史和建筑的科学、艺术意义，在现代用于展览陈列、文化旅游、社区服务的经济实用意义等；精神意义方面，一些祠堂中常见的意义类型有纪念历史、尊崇先贤、规训家风、弘扬正气、激励进取、教育来者、警示后人等。

除了类型，意义还有宏观、微观和影响特点等分别。例如人类意义、国家意义、民族意义、家族意义，城市意义、街区意义，重大影响、一般意义、特殊意义等。

与祠堂等通常已经定为文物保护单位的遗存相比，其他如历史建筑、一般性传统建筑和民居的历史文化意义可能没有那样的丰富和清晰，影响特点也多有不同。因此更加需要进行深入细致的研究，分门别类地对其历史文化价值实事求是地作出科学评价，以全面、具体、正确地理解其历史文化意义，为明确保护目的提供方向性依据。

2. 保护作用的具体化

保护作用也有很多类型，基本与各专业领域相对应。需要关注的共性是保护作用的大小、等级、直接与间接、个体与系统、公益与市场等不同属性。厘清保护的具体作用有助于明确相应的保护目标、确定保护标准、选择保护方式以及保护实施策略。

以一般性传统民居建筑为例，其保护作用的等级是具体保护目标优先序的重要依据，作用的大小影响保护投入的趋向，作用的直接与间接关系影响保护效益的测算方式和配置渠道，社会和文化系统关系影响保护对象的重要性，公益与市场的属性直接决定了投资的主要责任渠道。

3. 保护目标的具体化

在厘清意义和作用的基础上，明确对历史文化保护的具体目标。名城保护的所有目标都不应单纯"为了保护而保护"，而应针对明确的意义和作用而保护；都应为了"用"，包括物质性使用和非物质性利用；都应需用、适用。

从"用"的本质特性和需要考虑，要利用好名城的历史文化应关注以下几点：

其一，有用，有才能用。保护好是利用和传承的前提，利用好是保护的目的、传承的基础，传承好是保护好、利用好的试金石。历史文化以保护为根本前提，保护、利用、传承三者相互影响、互为基础和检验，形成良性循环。

其二，古为今用、洋为中用，应该是历史文化名城保护对待中国传统的以及外来的文化及其遗存的基本原则之一。

其三，明白是谁用，"以人为本"的原则须落实到以使用者为本。各种等级文物保护单位自有文物的使用规则和方法，对于非等级文物中不能适应现代利用和正常生活需要的内容，不拘"本来如此"，不限"应该如此"，不宜"只能如此"，不要"就这么用吧"；应在保护中结合使用者的合理需求进行优化完善，或者合理调整使用者范围。

历史文化名城的内涵，决定了名城保护是从建筑保护向城市保护的拓展，不是由建筑主体向城市空间的转换；是以物质文化为基础、与非物质文化交融的传承，不是单纯对物体及其形象风貌的保护；是历史文化的现代融入和继往开来的演进，不是历史文化割裂静止的回顾陈列；是对优秀历史文化的尊敬和养料的汲取，不是对传统文化无分良莠的泛尊盲崇和随波逐浪的从俗浮沉。

　　保护历史文化名城，既有全面的目标，也有重点的对象，还有开放的时空，还需现代的水平。从历史的基本规律来说，保护前人的历史文化体现了后辈的眼界和责任；从文化的内涵逻辑来说，保护历史文化遗存，同时关爱与之相关的弱势群体，是先进者的文明素质和责任担当。

三探名城标准

    具有重复性的事物或概念都有统一的规则、导则或依据，工业、建筑业等主要运用自然科学规则的领域还有很多强制性标准和条文。众多历史文化名城不是工业产品类的重复性事物，但主要都由各种建（构）筑物组成，也有统一的依据、规则和不少标准。"三探"采用"标准"这个词，包括了依据、导向、规则和标准等范畴内涵，分别适用于不同的概念。

    "根本没有任何三角形的图像任何时候会适合于泛而言之的三角形的概念。因为，这样的图像不会达到该概念所拥有的普遍性（而正是那种普遍性使得该概念适合于所有三角形，无论是直角三角形还是斜角三角形等等），而总是仅仅局限于这个范围的一个部分"①。这段文字可以作为笔者对名城相关标准或规则的基本认识之一。

一、历史文化名城的命名标准

1. 标准的基本内涵

    2017 年国务院修订的《历史文化名城名镇名村保护条例》第七条明确了申报历史文化名城的五项条件，是当前命名历史文化

---

① 康德语录，转引自，章启群 . 汉字与中国式思维 [J]. 语言战略研究，2023（2）.

名城的基本条件标准。

2020 年 8 月，住房和城乡建设部、国家文物局联发文件，按照这五项条件和现实工作需要，对国家申报历史文化名城的"条件标准"进行了充实、细化①：

①与中国悠久连续的文明历史有直接和重要关联；

②与中国近现代政治制度、经济生活、社会形态、科技文化发展有直接和重要关联；

③见证中国共产党团结带领中国人民不懈奋斗的光辉历程；

④见证中华人民共和国成立与发展历程；

⑤见证改革开放和社会主义现代化的伟大征程；

⑥突出体现中华民族文化多样性，集中反映本地区文化特色、民族特色或见证多民族交流融合。

并具体明确了各个方面的重点，同时明确了历史文化名城空间实体的相关保护单元。

上述内容的基本内涵体现了以下几个重要原则。

1）历史文化保护的横向全面性

"条件标准"突破了以往对"文化"保护的关注仅以建筑类和文艺类为主的局限，明确其包括了从历史人文到相关自然地理环境，从思想文化到生活方式，从地方特点到民族特色，从战争灾害到营造技艺，还有产业发展、商贸交流、经济社会、政治制度、宗教信仰、文学艺术、科学技术等，城市地域空间全覆盖，历史构成要素全囊括。

2）历史文化保护的纵向一体性

"条件标准"突破了以往对"历史"通常都定义为百年，至

---

① 见《国家历史文化名城申报管理办法（试行）》。

少数十年以前，或是现行政治制度、机制以前的历史时期的惯例，由古至今都被纳入文化保护的视野，既充实了中国历史文化广博丰富的保护内容，也反映了中华文明源远流长、繁荣昌盛和生生不息的客观史实。

3）历史文化保护的时代性

对比传统木结构耐久性不强，近百年以上的建筑遗存大多是半封建、半殖民地时期产物的特点，现代保护对象尤其是革命文物、社会主义建设和改革开放相关内容的纳入，切实凸显了中华文明百折不挠的奋进传统和自我更新的强大生命力。

同时，在全跨度的历史中，各个时期的建筑形制、建筑材料、建造技艺、审美取向等，都具有各自不同的时代特点，客观存在着针对不同时代对象的保护技术标准内容。

4）名城条件标准的操作性

"条件标准"对历史文化街区、历史街巷、历史建筑等名城必须保有的城市要素中的建筑类遗存，在面积、长度、数量等方面尽可能作出了明确的量化规定。

历史文化名城新的"条件标准"，拓宽了保护的传统时空视野，明确了保护的新时代导向，由此产生了对于历史文化名城保护要求的四个特点。

2. 标准要求的四个特点

1）城市层面性

因为"条件标准"中保护内容的全面性，历史文化名城保护不再仅仅局限于一个专业领域，而已经是城市的一个层面。空间上广泛分布的保护对象和功能丰富多样的保护内容，都是城市的资源和空间条件，也是城市发展方式和发展路径选择的重要影响因素。名城历史文化的空间分布图，成为城市"在发展中保护，在保护中发展"的基本底图和基础条件，对城市的文明、健康、绿色发展有全面的影响作用。

2）历史网络性

"空间全覆盖"的宽广视野，"要素全囊括"的丰富内容，适宜也有条件梳理出城市纵向的演进轨迹和横向的领域关系特点，包括地域分布的空间轴、历史演进的时代轴以及能够代表相关领域的特点或成就、影响的特色轴，三轴交织成名城历史文化的立体网络，参与和支持形成全面完整、具有浓郁传统文化氛围的现代城市空间。

3）文化系统性

在省、自治区和更大区域范围的历史文化保护中，可以更高的视点和更宽的视野，从中华文明自古以来多元一体的结构特点角度，厘清如人口迁徙流动、工商业交往等最根本、最重要的历史文化交融演进路径，更加清晰地梳理有关历史文化的源流脉络关系。例如，历史上的东晋衣冠南渡、唐代安史之乱、北宋举朝南迁，特别是明初的山西大移民、清初的"湖广填四川"和近代民间自发的"闯关东""走西口""下南洋"，明清两朝的晋、徽、浙、鲁、粤五大商帮的发展空间轨迹等，能够系统性地助力名城历史文化保护更加切合史实、显现演进脉络、反映交融特点。

4）保护选择性

丰富的遗存、大量的实物，各自的作用、广泛的保护，必然带来对保护意义和价值进行选择的需要，在有些情况下选择难度还可能加大；并且一般都需要选择保护什么，而不太可能像历史城市那样，需要和不需要保护的内容比较明确。普遍与特色、普通与精华、一般与稀缺、斑点与节点等，都是进行选择的考虑因素，需要在理解城市乃至更大区域空间范围的相关历史文化网络的基础上，才能作出更加全面的判断。

3. 标准内涵的尺度问题

"条件标准"中的量化指标是国家历史文化名城的申报资格线、而不是命名线，其他的定性内容也需要根据申报期间有关城市的实际情况进行比较、选择命名。分析"条件标准"在名城申报、命名操作中的影响要素，主要有以下几个方面。

1) 遗存数量

遗存数量直接体现了历史文化的丰富程度，是一种基础性参考要素，具体分析比较中有两个问题需要同时关注。一是遗存的品质，如单项遗存的规模、完整度等；二是不同遗存类别的建设年代，例如新中国成立后至20世纪90年代建设的低层高密度居住片区、多层住宅小区等，是否可以划定为历史文化街区。如果可以，则可能会有很多街区；按照目前的条件标准，也就意味着符合历史文化名城申报条件的城市很多。

2) 遗存质量

遗存的工程质量与实施保护的难度乃至可行性密切相关。由于各地对于获得历史文化名城称号的普遍积极性，尤其是历史文化遗存不甚丰富的地区，申报时一般比较容易倾向于将古旧建（构）筑物一揽子纳入遗存资源。而一旦确定施行保护，遗存的工程质量问题就无法回避；对没有维修可行性的建（构）筑物，实施保护就成了迈不过去的槛，结果很可能任其自然损毁、消失或者主动拆除，致使保护陷于尴尬境地。

3) 遗存生命力

遗存的生命力包括遗存曾经产生过的历史影响和作用、仍然具有的现代影响力，遗存在历史文化时空网络中和自身所属文化系列中的稀缺性，遗存对现代社会的客观吸引力和潜在竞争力，这些对现代社会的影响力就是历史文化资源的生命力。

4）遗存代表性

遗存可以是任何一种历史领域、文化系列、时空范围的代表，能够代表的历史文化内涵越丰富、同类历史文化的人文区域空间范围越大，代表性就越强、越重要。不同于在同类历史文化中具有一定非关键作用的不同做法，代表性可以全面体现同类历史文化的总体最佳水平。

5）尺度的调节作用

历史文化名城的"条件标准"，首先是明确针对"申报"的；而一旦申报成功，就必然与保护、利用等历史文化名城的法定任务和活动、行为相关。因此宜将历史文化名城命名的依据与对其施行保护的条件一体把握。

当然，申报成功前或者没有申报的城市，按照《中华人民共和国宪法》第二十二条第二款精神，保护当地优秀历史文化就是城市政府的责任。历史文化名城申报的"条件标准"，也是所有城市保护历史文化的参照标准。

对名城命名而言，其目的不是只保护名城的历史文化，而是针对遗存更丰富、更具特点的一部分城市，采用特定方式，提出更高要求；并以名城的实践、经验为导向和示范，全面带动、促进对优秀历史文化的保护。同时，客观上也使得这个命名带有了社会影响力和荣誉感。

因此，对"一部分城市"的政策性设计对于历史文化保护具有重要的调节作用。在方式确定的条件下，遗存"更丰富"、结合构建历史文化保护时空网络"更具特点"和对保护"更高的要求"，都可以是"条件标准"的调节器；获得名城命名的标准宽严和数量多少，就有可能成为名城称号"社会影响力和荣誉感"的保险丝。

二、名城保护标准的基本内涵

在众多名城进行的历史文化保护利用中，大量的实践、创新的做法，产生了丰富多彩的成果，总体上趋于专注保护历史的元气、文化的雅气，重视获得地域的人气、市场的财气。为了促进名城保护和利用的健康发展，有关部门也开始进行名城保护实效评估工作。

关于名城保护的评价标准，因为历史文化的丰富性、名城的多样性，以及保护理论渊源、实践方法和所需条件的复杂性，目前尚未正式形成统一的执行标准，有些问题还存在比较普遍的争议。可以把共性的问题和主要内容具体分为以下七个方面。

1. 历史标准方面

包括保护对象的物质和形象的历史真实标准问题，其中有一对重要争论——原真性与真实性、一个普遍问题——历史时期特点，都需要重点关注、认真解决。

1）原真性与真实性

这方面的争议可以分为两类："原真与真实"的要素的争议、"真与假"的定义的争议。

众所周知，原真性观点立足于石材建筑，来自于西方文化；真实性观点适应于木结构建筑，应用于东方文化，确认于1994年国际古迹遗址理事会通过的《奈良真实性文件》。

二者的区别主要有以下三点：

第一，原真性观点强调物体的唯一，包括历史文化对象主体及其表达方式的唯一。真实性观点认可物体和形象两种主体真实，各种不同文化对主体有多种方式来真实表达历史。

第二，原真性观点重视的是历史文化的物质性，保护原物，典型的如残缺部分不进行修补，有人称之为"残缺美"，实质上则是保护历史原物的现状。真实性观点既关注物质文化，首先重视保护原物，同时也重视非物质文化，包括原物的形象和建造技艺等的保护。

第三，因为强调唯一，原真性观点不认可历史文化主体可以复制，按原样修复时，维修部分须与原物有明显的区别或专门标记。因为承认表达方式的多样，真实性观点认可在保证形制、工法等原样前提下的复制，对原物的修补也常常采用"修旧如旧"的织补方法。

原真性和真实性两种观点都是得到相关国际组织正式认可的，但在国际上也仍然广泛存在分歧。典型的案例如 20 年重新建一次、千余年来已经重建了 60 多次的伊势神宫被日本定为国宝，但至今也没有被确认为世界文化遗产；而在二战后整体重建的华沙老城于 1980 年被联合国教科文组织破例确定为文化遗产，列入了《世界遗产名录》。这两个案例的保护方式都是复原重建，尽管在重建的主动性和被动性方面没有可比性，但在因为不可抗力的初始动因方面却是类似的，都是为了当代人的记忆——华沙老城重建是因为战争毁坏，伊势神宫重建是为了在自然力侵蚀下始终保持神的光辉形象和尊崇地位。

在我国历史文化保护中也同样对此争议不断，典型案例如 20 世纪 90 年代初苏州的桐芳巷保护，因遗存建筑质量不佳而被全部拆除，按照原风貌重建。1994年10月全国政协组织的视察调研中，有专家认为，这种保护方式虽然传承了当地传统建筑文化，但全部是新建的，"有文化，没历史"，实际上就是原真性和真实性这两种保护标准的碰撞。

对原真性和真实性进行分析比较，可以形成以下几点认识。

其一，两种观点的基本原则一致，即尽可能保护"原"的要素，但真实性观点认定的"原要素"范围广于原真性观点，不同的"原要素"范围标准分别适用于不同性能特点的建筑材料和保护对象现状的不同工程质量。

其二，原真保护是最理想的物质类保护原则，但要求"原物"本身必须具备相应的客观条件，主要适用于建筑材料和结构坚固、遗存现状工程质量优良的保护对象。

其三，真实保护是适应性最普遍的保护原则，对于建筑材料耐久性不强，特别是已经无法维持原物的保护对象，按照真实性原则，可以按照原样、原工艺进行保护。

历史文化名城中，除了现状遗存工程质量较好的各类、各级等级文保单位，还有数量更多的历史建筑和一般性传统建筑。历史上初建时，它们的建造材料质量通常就难以与现在等级文物建筑的质量要求相比，同时现状工程质量通常比较破旧，有的甚至已经衰朽。

针对这样的客观现状特点，对历史文化名城的保护应当首先普遍适用真实性原则，对遗存工程质量优良、原物保护可行的对象优先选择原真保护。主要用于世界遗产、等级文物的原真性保护方法应该合理借鉴，不应生搬硬套扩展为所有建筑类历史文化遗存的保护原则标准。

按照真实性保护的原则，如果重要遗存的现状工程质量已经无法进行原物保护，应慎重地科学论证对其进行原样保护的必要性和可行性，拆除后按原样重建是符合真实保护历史文化要求的；只要注明重建时期，就不能称之为"假古董"，斥之为"拆真建假"。世界著名古都——日本京都的现状住宅大部分都是近四五十年内重建或仿照传统形制和风貌新建的，延续了古都的整体传统风貌，同时也为传统建筑技艺的保护传承提供了必要的市场条件，而并没有出现"假古董"式的评语和"拆真建假"类的批评。

2）历史时期特点

历史上城市的布局结构总体相对稳定，大的变化时期和内容也很明朗，因是城市的大事而多有地方志等历史记载。除了地形地貌，城墙的历史时期特点主要受当时的攻防水平和守城需要影响，并从明初开始推行原土城墙面甃砖。作为历史文化名城保护主要内容的建筑物造型风貌的衍变则持续不断。

中国传统木结构建筑，基本形制传承两千年，虽然没有体系性的重要结构改变，但传统营造规则和技艺则处于不断衍变之中。按照真实性的原则，遗存的原样（造型）、原貌（细部）、原技艺应当同时具备，既是施行保护的手段，也是保护的内容，否则保护的真实度就会打折扣，甚至不复存在。因此，建筑物的历史时期特点是重要的保护对象，而且是十分专业的内容。

建筑物的历史时期特点的具体内容较多，直接影响城市风貌的要素总体上可分为三个方面：材料、体量、造型。针对当前绝大多数建筑物遗存的初建时期主要是从明代往后的现实情况，以下从普遍性角度简单介绍与历史时期相关的各方面主要特点。

①材料方面

影响历史时期特点的最基本、最重要的方面就是建筑材料，主要包括三大类，且都有各自的演变节点时期。

结构材料，一直以木料为主，但随着人口的增长和森林的减少，在同类、同等级的建筑物中，建造年代越晚，柱、檩等用整材的受力构件的直径越小，直接影响结构的跨度和建筑内外观整体风貌。

围合材料，元代以前普遍用夯土、筑土等土质材料；随着山西煤矿大规模开采，砖材从明初开始被普及用于墙体和铺地。传统向上内收的土墙变成了垂直的砖墙，不加粉刷的清水墙更是显著改变了建筑的外观颜色。传统用于保护土质山墙的悬山随之被硬山取代，仅传承其搏风作为硬山墙头的装饰。硬山的运用使建筑单体之间的组合方式更加灵活多样，沿街建筑多相连或拼接。在此基础上的防火需求，催生出形形色色的防火山墙，大小户型的不同组合又直接影响到防火山墙的密度。这些都直接显著改变了城市的整个景观风貌底色。

装饰材料，随着采矿业、手工业等相关产业的发展，产品和品种逐步丰富多样，给各个时期的建筑营造带来不同的选择，形成风格各异的时代风貌；传统结构部品"斗栱"自秦汉以来不断缩小，变得更加精致；因为砖墙的普及，遮挡雨水的出檐不需如传统的深远，到清代已趋向于纯装饰性构件；建筑外观总体上从实用质朴趋向纷繁华丽。因为经济水平、相关手工业发展和文化主导潮流的差异，建筑装饰材料在明初、明末清初和清中期以后有比较明显的区别。

②体量方面

建筑体量直接受到材料变化的影响。砖的承载能力显著强于土，明初建筑墙体由土改砖的普遍应用，使建筑得以增高，开窗自由度加大，室内空间也较之前更加敞亮舒适，而清代的建筑高度又普遍高于明代。经济能力强、社会地位高的建房者多能用较粗、较好的木料，相应的建筑体量更大。建筑体量普遍增高而城市交通方式和条件未变，使街巷空间的比例和尺度随之产生衍变。

③造型方面

曲线是中国传统建筑造型最基本的重要特征，直接对城市风貌产生重要影响的部品是包括屋面、屋脊和屋檐的整个屋顶。古代因用土墙，屋面上部陡峻以利雨水速排，下部坡度渐缓以利雨水远排，保护墙体。屋脊和屋檐从中间向两侧升起，如此形成曲面的"大屋顶"，而不是平直坡面的现代做法。除了屋角起翘，檐、脊升起的形式自清初期已不普遍，但曲屋面的造型直至清末民初，尤其是进深五架以上的建筑仍普遍采用。

2. 文化标准方面

相对于物质的由唯一性带来的原真性，非物质文化的重要特性就是由动态性带来了多样性。从历史文化名城保护角度，不适合形成或者说事实上就不存在共同的文化类保护的操作性标准，但需要关注一些与保护直接相关的共性文化特征，主要有以下三个方面。

1）非物质与物质的关系

在建筑营造中，中国传统文化观念从来重视，甚至可以说更加重视非物质文化。相对于建筑物载体，非物质的主体地位、功能等才是建造的目的，受到本质性的关注，"凿户牖以为室，当其无，有室之用"[①] 充分说明了对建筑物的物质文化和非物质文化

---

① 见老子《道德经》。

的一体两面关系的基本认识。

例如，南昌的滕王阁一千多年来重建了29次，历次重建的阁体多有变化而阁名不改，一脉传承"滕王阁序"的非物质文化精神。因为把皇宫建筑作为政权精神文化象征，拆毁前朝皇宫几乎是新王朝的惯例行为，偶有因特别原因留用的也都要"改头换面"。例如，唐朝把隋京城"大兴"改称"长安"，"大兴宫"改为"太极宫"；清朝把明朝三大殿"皇极、中极、建极"改称为"太和、中和、保和"等。

2）非物质文化的时代特点

历史文化习俗各有自己的时代性，历史功能类型也随生产技术发展、生活水平改善而演进。建筑物纹饰的题材和风貌，匾额、对联、中堂、家具、绿植等都有产生时代和应用特点的印记。但除了"尚右""尚左"这等由朝廷统一规定的礼仪制度载于经史，类似于《长物志》那样对一地营建、造园的社会习俗集中专门阐述的著作则较稀有，对于具体非物质文化的特点，需要耐心地进行资料搜寻，特别是对保护对象应细致考察，以利于对这些非物质文化的历史时代特点进行真实性保护。

3）非物质文化的地域特色

与历史文化名城保护密切相关的非物质文化，产生于具体的人类群体。群体定居空间（从区域特点和非物质文化角度，游牧空间也是一种定居空间）的自然、地理等资源条件，以及由此而产生的产业门类和生产、生活方式，是非物质文化发源和生长的土壤；相对阻隔的地理空间、统一规则的施行及其效率范围、各自的伦理道德和信仰等，都是非物质文化形成地域特色的社会人文等历史条件。

因此，保护非物质文化的地域特色，不但需要关注其文化形式和内容，更要研究保护其发源、生长的土壤和特色形成的条件；"皮之不存、毛将焉附"，其根本是保护能够传承非物质文化地域特色的自然和社会生态关系。

在经济社会持续发展、科学技术日新月异、交通方式便捷快速的现代条件下，在社会交流频繁、时代文明进步、生活方式改变、生活水平提高的现代氛围中，地域特色的生长土壤和特色形成的历史条件已经发生变化，原有的某些条件很可能已经不复存在。在现代生活水平和生产方式条件下，如何保护能够传承地域特色的健全、健康的社会群体，是非物质历史文化地域特色保护中需要重点研究解决的综合性问题。

3. 技术标准方面

有别于历史文化保护的其他内容，技术标准比较明确，其中属于自然科学原理的内容也更加清晰和具有刚性特点；不属于自然科学的部分，则比较普遍地存在技术方面的不同观念，并由此带来规范和方法的差异。

1）国家标准

较早的国家性标准有北宋始制的《营造法式》，流传至今的是南宋时期在苏州重刊的版本；其后就是清雍正年间颁布的《工部工程做法则例》。此外还有历代"舆服制"中对某些类别，特别是行政、居住类建筑的礼制等级所作的原则性规定。

千年以来，以上两部国家标准总体规范了中国建筑，尤其是官方建筑主体部分的基本形制和风貌；典型的例如屋架，宋代的"举折"和清代的"举架"算法不同，由此而产生屋顶曲率的差异。时代跨度方面，《营造法式》宋制后元、明未改，但自然演进；清雍正后以《工部工程做法则例》为准，具体应用的标准不同，形成明清两代建筑和城市风貌不同的总体特点。

空间分野方面则相对复杂一些。一是受行政范围影响，南宋的管辖范围主要在长江以南，因此江南地区的建筑多受《营造法式》传统的影响；长江以北则受《工部工程做法则例》影响更多，建筑界通常以"南秀北雄"形容分别由两部标准影响而带来的这种传统建筑风貌的总体区别。二是受行政效能影响，交通不便处政令不畅，尤其丘陵山区的地形为传统建筑地域特色的形成提供了绝佳的机会。三是南宋在苏州重刊《营造法式》，基本采用苏州香山帮的营造案例图纸和技艺，史书也有"江南木工巧匠皆出于香山"的记载。因此香山帮主要活动范围内的建筑与《营造法式》的契合度较高。

2）地方标准

"标准是对重复性事物和概念所做的统一规定，……由主管机构批准，以特定的形式发布，作为共同遵守的准则和依据"[1]。按照这个现代定义，除了1929年出版的记述江南地区、主要仍是苏州香山帮的古建筑营造技法的专著《营造法原》[2]，古代没有其他地方标准，但普遍存在约定俗成的统一做法，作用形同地方标准，形成地域特色效果。

地方习俗或标准的形成原因，除了政府行政效能外，主要还有以下几个方面。当地的地理、气候等自然条件是首先必须适应的刚性条件，传统生活需求和文化习俗是相关功能、布局、装饰的具体依据，主要建筑行帮的技艺流派是标准特色的具体展现。

---

① 见国家标准《标准化基本术语 第一部分》GB/T 3935.1—83。
② 姚承祖著。

此外，两部国家标准制定的目的都是规范官方营造的用材定额，以便核定相关开支，而不是为了规定建筑的造型风貌。当时大量的私人营造则只需遵守"舆服制"的礼制等级规定，使得地方特色的形成具有较宽松的标准条件。

3）标准使用的时代区别

古代标准的使用与现代保护的施行有些显著的时代差异，应当在保护工作中予以关注，并根据具体实际，因物制宜对古代标准作出遵循、优化或调整完善现代做法等对策。其中对历史文化名城保护影响较大的区别主要有以下三个方面。

①组织方式区别

古代除了城墙和为数不多的官方、公共建（构）筑物以外，其他都属私人营造，其各自的经济能力等客观条件和主观的意图、偏好等得以多样化地实现。而现代保护统一组织、统一规划，不少项目甚至统一实施，因此对历史文化内涵多样性的保护应予关注。

简单的解决之道就是及时听取、充分尊重、尽可能采纳相关业主的合理诉求和意见。在解决具体问题时，尽量少用、最好不用百分比要求等主导趋向容易一致的形式方法，以弥补、抵消统一组织方式可能产生的负面影响。

②历程内涵区别

名城逐步、逐块形成，历程中的不同时期、各个地块和营造意图都有各自的历史条件，现状物质遗存是历史的一小部分，其中很多甚至只是原来的局部。现代保护面对的整体现状通常都是现代所作，因此物质遗存是现状城市的更小部分。

名城保护首先强调历史城区的总体格局和风貌环境，这其中就有不同历史时期的格局、环境甚至空间位置的区别。以其中哪一个时期，或是纳入"历史"的末期，还是物质遗存的现状格局为保护重点，需要统筹考虑历史文化及其遗存现状。

城市总体格局历史较久而建筑和环境风貌常新。因为自然规律和人为因素，建（构）筑物和环境要素通常都是越古越少，千年城市空间格局中多是百年建筑。保护中如何更好地处理这样的文化关系，也是一个需要研究的问题。

③专业重点区别

古代营造一体，布局规制以礼制等级为主要原则，规范建筑单体造型和群组整体秩序；重视建筑用材、结构稳固、工程质量，讲究部品构造、纹饰题材和工艺细节。

现代科技进步、专业细分，不同部门、行业各司其职、各负其责。传统"营造"被分为三块，规划、设计、施工分离，古代一名大匠的职责被分解，由多名不同专业的技术人员承担。这种分工适应于现代建筑的专业多门类和技术复杂性，但对于传统建筑，则增加了专业协调的复杂性和难度。

当前历史文化保护的主要视点也不同于受保护对象的文化传统，例如，突出重视空间及其群体、整体的形象美学关系，控制单体的高度、风貌，诠释语言是体量、比例、尺度等现代的角度和要素。对于古代礼仪制度的伦理美学关系、当时的社会文化习俗等中国传统建筑的基础理论性要素，特别是与建筑物不可分离的营造技艺、工法标准等，则普遍忽视，甚至无视。在保护工作中，需要加强专业应对和相关专业之间及时的沟通协调。

4.功能标准方面

所有建（构）筑物都是为了某种功能作用而建的，随着时间的流逝，物体质量老化、社会文明变化，生产方式转变、生活水平提高，原有功能多已可能产生程度不等的各种不适应。对物体进行保护也包括使其功能继续发挥作用，需要针对不适应的内容和程度进行具体应对。

1）不适应的内容

不适应的内容分为物质和非物质。应对方向包括：对于非物质功能不适应的，调整层次、功能转型，利用活化；对于物质性能不适应的，属局部小变化的进行修缮，属建筑材料类的换材料，属整体质量类的分等级进行处理。

2）不适应的程度

主要包括遗存功能自身的形式、水平，应对方向包括：功能形式融入时代，功能水平融入地段。遗存工程质量已不符合安全标准的，只能拆除、取消原功能，或者重建、恢复功能。

3）应对的难点

非物质功能和物质功能的保护各有薄弱环节，解决之道也各有不同的适宜方法。

非物质功能保护的难点主要在内容和形式方面。因为非物质文化的动态性特点，具体功能滞后、过时乃至失去当代生命力是历史的正常现象，因此对历史文化的非物质功能的保护需要考虑保什么、保多少、怎么保。

例如工业文化遗产保护。工业文化遗产首先应当是工业产品、生产设备等实物，还有企业文化、行业文化、产业文化，这些要素构成工业文化的历史场景和文脉关系。当然厂房等设施也是重要内容，是工业文化的一种载体形式。产业的门类众多，功能动态频繁强烈，生产建筑面广量大。目前的主流做法多只是保护厂房等建筑形式要素，而把原工业生产功能改为文旅休闲、办公、文创等内容，基本上都没有关注产业自身文化的保护。

物质功能保护的难点主要在水平方面。历史文化名城保护中最为典型的就是传统民居的保护。按照现代居住的普遍水平，在平面功能、保温隔热隔声、防火防蛀防腐、机动交通及其停车条件等众多方面，历史留下的传统民居已经与现代宜居的一般性需求相距甚远。目前的普遍做法是保护已经不适宜居住的住宅建筑本体，把原居住功能改为文旅或其他用途。而且不少"文旅一条街"除了建筑体量、屋顶风貌和街道的空间尺度未变，沿街的建筑立面也已经不可避免地由住宅变成了商业建筑风貌。

这两种情况存在的问题都是只保护建筑物体，没有保护功能等非物质文化。几十年、百年以后，那时的人们该怎么认识和理解这些建筑文化？又可以从哪里了解和认识历史上的那些产业和城市生活居住等非物质文化？

产业遗产的保护标准需要补充产业自身构成类的物质和非物质要素，搜集工作是根本难点。社会各界应当立即重视这个问题，尽快采取有效行动，就像当年建筑类文物保护的口号："保护为主、抢救第一"[①]，而不是只关注厂房和不动产权。

传统民居的保护则更为困难，因物质遗存的工程质量普遍不佳而更为紧迫，一些空置的传统民居因无人居住和养护还会加快衰败。继续采用目前这样的保护方法，就只能基本维持建筑载体的现状尺度和风貌，放弃生活居住功能的非物质历史文化。或是遵循非物质文化不断演变的客观规律，立足于传统民居的文化根脉，推动住宅遗存现状进行现代宜居的演进，传统民居建筑和居住文化并重保护，同时也能够为保护、传承传统营造技艺提供必要的实践条件和市场需求。对于两种保护标准，需要当代作出明智的选择。

---

① 我国文物工作十六字方针的前八个字，于 1992 年 5 月全国文物工作会议上提出。

5.环境标准方面

随着对历史文化认识的加深和保护的重视，历史文化的环境也被纳入了保护的范畴或视野，主要可分安全风貌环境和生长环境两类。已经作为标准的是安全风貌环境，开始进入视野的是生长环境。

1）安全风貌环境

安全风貌环境法定名称"建设控制地带"，其定义和管理标准的要则有："是指在文物保护单位的保护范围外，为保护文物保护单位的安全、环境、历史风貌对建设项目加以限制的区域。……文物保护单位的建设控制地带，应当根据文物保护单位的类别、规模、内容以及周围环境的历史和现实情况合理划定"①。

其法定原则十分明确：划定对象是对文保单位；划定方法包括因物制宜——根据保护单位的类别、规模、内容，因时、因地制宜——环境的历史和现实情况；标准要求是合理划定。施行中重在全面理解这些原则，正确把握操作尺度。

例如20世纪80年代末对淮安周恩来故居的保护。故居位于传统民居片区中，周边建筑都较破旧，居民生活水平在当地处于中下层。特别是当时日常燃料都还是煤，且为节省煤炭，家家户户都是早晨给煤球炉生火，一片烟雾笼罩。专家、领导们的意见分为两派，一派主张拆除故居周边一圈建筑，杜绝火灾隐患，同时还可借此机会打通车行道，方便瞻仰参观者；另一派则认为故居历史环境也需保护，尤其强调"人民总理人民爱""周总理和人民心连心"等政治生态意境，明确反对拆除。最终，考虑很有可能发生的火灾隐患和当时的保护能力，还是拆除了危险性最高

---

① 见《中华人民共和国文物保护法》第十三条。

的东、南两面的周边建筑。

结合现状条件和发展需求，对非等级文物保护单位的历史文化遗存是否也全都要划定建设控制地带；对宫殿、庙宇、府邸、沿街小商铺或一般民居、小品建筑等历史角色和作用都不同的保护对象，是一律作为周边环境中的主体，还是根据其当年的真实历史地位进行定位；周边环境风貌的保护控制是按照建筑物本体，或建筑物原有功能，还是与现有功能进行协调等，这些都是在名城保护中经常有可能需要进行个案探讨的问题。

2）生长环境

生长环境指能够反映历史文化产生、生长过程的脉络关系。自 1964 年《国际古迹遗址保护与修复宪章》（即《威尼斯宪章》）将其纳入保护范畴，半个世纪以来得到越来越多的关注。2005 年 10 月在古都西安，国际古迹遗址理事会第 15 届大会通过了《西安宣言》，进一步强调了历史文化生长环境的作用和保护的意义，提出了保护的原则意见。

与文物本体或者建设控制地带（也是一种比较直接、明显的生长环境）相比，生长环境一般相对更加间接、隐性，保护的相关内容更广泛，相互关系更丰富，技术要求也更复杂。

此类文件都是从强调古迹遗址保护重要性的单纯专业工作角度，虽然都没有约束力，但反映了一种导向，并有可能对一般古迹的保护产生影响。具体操作中，必须切实考虑保护与众多其他角度的一体统筹、协调兼顾。

6. 活力标准方面

所有历史文化的保护都是为了某种或某些用途，作为日常生产、生活空间的历史文化名城，其保护必须更加重视促进城市的现代活力。从历史文化名城保护的角度，可以着重关注以下三个方面。

1）社会效益

主要包括历史地段的功能和水平应融入现代、充满活力，不能因为保护目标或方式不当而成为现代城市中的落后地区；以历史文化的真实保护为基础，重视优秀要素的传承和积极方向的弘扬，在历史文化传统根脉的基础上形成城市的现代特色。

2）经济效益

经济效益是一个重要的衡量因素，但单个、单项的历史文化保护不应以经济效益为衡量标准，对文物建筑的保护也不应把经济效益作为衡量标准，文物保护的经济效益总体上体现在文物之外。

历史文化名城保护的整体则必须讲究经济效益，对区域、领域发挥影响作用，经济效益也应该在影响的区域和领域范围内统筹考虑。从滚动保护、良性循环的角度，保护项目的整合应当把经济效益作为衡量标准的重要内容。没有经济效益就难以持久，没有适当的经济效益就不能形成广泛的保护积极性。

3）居民发展

居民问题本是社会效益的重要组成部分，因其重要性而且现实情况特殊，故而在此单独列出。

因为众所周知的建筑、设施、环境等客观条件，同时也因为对建筑保护的传统理念和方法，历史街区、传统建筑中的居民老年化、低收入特点已经成为名城保护中的普遍难题。

早在1981年，笔者结合本科毕业论文在苏州市东山、西山考察明代住宅时，经常被当地住户责难。陪伴同行的当地文物管理委员会同志向居民宣传讲解保护他们住宅的重要意义，得到的对方回应通常都是或类似于"你来住一个寒暑试试！"当时不冷不热、秋高气爽而蚊蝇活跃。因为考察经费所限，我住在一座空置的清代住宅建筑中，与不知什么名、不知何时起定居在建筑木构件和墙体、地面层等的孔缝隙中的"住虫"们做伴一个月，算是小试了一下住户回应之语。这段经历深深地影响了我对于传统民居保护的基本认识。

当年还没有历史文化名城保护、文物保护等相关管理法规，社会对历史文化保护刚刚开始重视；而每逢一个农业丰收季，当地的传统民居就必定少一批。这里的"当年"是指20世纪80年代初，苏州市的人均可支配收入在1980年是467元，到2022年已达7万元。

保护工作要切实落实"以人民为中心"的宗旨，把居民的生活水平和发展机会放在根本位置。必须强调实事求是的精神和尊重科学的态度，优化保护理念、创新保护方法、完善保护标准，以居民为本施行保护。宜居品质方面，总体上宜以所在城市的平均居住水平为保护目标的底线，提升其对年轻工薪阶层的吸引力；利用传统民居的庭院特色等历史文化优势，保证其与普通现代居住区的同等竞争力，使历史地段重新焕发活力。

7. 公众参与

《历史文化名城名镇名村保护条例》第四条第三款规定，"国家鼓励企业、事业单位、社会团体和个人参与历史文化名城、名镇、名村的保护"。此处的"参与"应当包括具体进行保护活动或承担保护任务、参与保护意见建议等。

企业从市场渠道以生产任务的形式参与名城保护是常规的主要参与方式，从建筑修缮工程质量角度已经基本形成比较明确的标准。业主和使用者的日常维修、维护应当成为名城保护的一种主要方式，尚需要建立健全这方面的标准规范。

在鼓励参与征集保护意见和建议方面，公众参与的理念和活动已经普及，参与渠道如线上、线下，现场、媒体，路边提问、表格征询，多种多样、形式不拘。参与形式没有，也不必有标准，但组织公众参与要取得符合保护目的的效果，参与对象就应有相应的合理范围。

例如，传统民居的活化利用中，针对文旅用途和居住用途等不同目的，参与公众的合理范围就有明显的区别。文旅用途的服务对象是社会公众，涵盖各年龄段、不同性别、不同教育水平、各种职业或就业岗位等，与文旅相关者都可以作为调查对象。居住用途的服务对象是住户、居民，现状住户、市民、市场需求者、规划居住者等不同相关对象的参与，对建筑保护、功能保护、现代宜居保护等各种内容和水平的调查，都会有不同的调查结果。调查结果有所差异的实质，是参与对象、调查内容与保护对象之间关系的区别。因此，公众参与对象应以历史文化保护具体项目的保护要求和保护内容的服务对象为基本范围、主体构成，才能支持得出正确的、有效的调查结论。

四探名城分类

分类，即按照种类、等级或特性等，分别择同别异，能够更精准地认识事物、更细致地处理信息、更恰当地应对需求，是科学工作的基础、科学方法的前提。

历史文化名城众多，从管理工作角度，需要进行分类；从技术工作角度，需要进行多种分类，以适应不同的保护技术需要，选择相关的资源利用方式，研究促进保护与发展协调共进的城市发展战略和策略。

如何进行分类，取决于分类的目的，即为什么分类。例如，申报命名、赏析表述、区别技术层次特点、明确保护重点、选择总体定位等，不同的分类各有相应的作用和各自适合的用处。

本书探讨名城分类，主要目的不在于具体进行哪些分类，而是探讨对名城的一些内容如何考虑分类。

一、总体特点分类

这种分类主要适用于宏观把握，例如名城的申报命名，选择明确保护的方针、原则和重点领域、内容等。

《历史文化名城保护理论与规划》中提出，"我国对历史文化名城的分类，有两种方法，一是从名城所拥有的特点和性质来分类，一是以名城的保护现状分类，两者都是以制订保护策略为出发点"，并介绍了对当时的 99 个国家历史文化名城的这两种分类，并对各名城进行了归类。

1. 按特点和性质分类

具体分为七种类型，分类定义如下：

①古都型——以都城时代的历史遗存物、古都的风貌或风景名胜为特点的城市。

②传统城市风貌型——具有完整地保留了某时期或几个时期积淀下来的建筑群的城市。

③风景名胜型——自然环境对城市的特色起了决定性的作用，由于建筑与山水环境的叠加而显示出其鲜明个性的城市。

④地方特色及民族文化型——同一民族由于地域差异、历史变迁，显示出地方特色或不同民族的独特个性，成为城市风貌的主体的城市。

⑤近现代史迹型——以反映历史的某一事件或某个阶段的建筑物或建筑群为其显著特色的城市。

⑥特殊职能型——城市的某种职能在历史上占有非常突出的地位，并且在某种程度上成为这些城市的特征。

⑦一般史迹型——以分散在全城各处的文物古迹为历史传统体现的主要方式的城市。

2. 按保护内容的完好程度、分布状况等分类

具体分为四种，分类定义如下：

①古城的格局风貌比较完整，有条件采取全面保护的政策。古城面积不大，城内基本是传统建筑，新建筑不多。这种历史文化名城数量很少，如平遥、丽江等。

②古城风貌犹存，或古城格局、空间关系等尚有值得保护之处。这种名城为数不少，如北京、苏州、西安等，它们和前一种都是历史文化名城中的精华。

③古城的整体格局和风貌已不存在，但还保存有若干体现传统历史风貌的街区，这类名城数量最多。

④少数历史文化名城，目前已难以找到一处值得保护的历史街区^①，但散布的各类文物古迹尚多。

除了上述两种分类，《中国历史文化名城通论》中按主要功能、主体文化特点将历史文化名城分为以下七类。

3. 按主要功能、主体文化的特点分类

以下两类主要根据城市在历史上的政治行政功能进行区分：统一都城类，包括旧都的承袭、废旧重建、迁址新建、降格，新都的新建、升格、承袭扩建或邻迁；非统一都城、王城、首府类。

以下五类按照城市的主要功能或某个重要领域的特点进行区分：工商、交通类，军事类，山水风景类，红色基地类，其他专项类。

这种分类主要是针对城市历史上的重要时期和现状遗存中具有代表性或标志性的特点进行表述。

上述三种分类各有特点，总体上适用于宏观表述、方针指引和原则把控。从名城保护和利用的施行角度、操作层面，还需要一些更具体的分类方式，以便作出对技术性目标和操作性方法的指引。

---

① 此条与国家历史文化名城现行命名标准已不相符。

一座名城的历史文化要素丰富多样，但总量不变；如何分类在于分类的目的，不同目的各有侧重关注的要素范围和梳理组织方法。以下简要介绍遗存空间规模、物质遗存品质、功能的现代影响关系、老城新区布局关系、遗存区位关系五种分类。

二、遗存空间规模分类

创立历史文化名城制度的主要意图之一是把历史文化现状遗存划进来一揽子保护，这就必然形成了其中的历史文化保护需求的空间非均质性。随着实践中的相关认识深入，人们逐步关注到名城中遗存具体空间的非均质性对保护与发展的关系有直接的重大影响，随之引入了旨在提高均质性的各种"区"的概念。

1. 历史城区规模

迄今能够被评定为历史城市的都是总体规模较小的城市，一般不超过 10 平方公里，实际遗存集中区大多只有 1~2 平方公里。通常这类城市历史上的空间规模都不大，且多不在经济交流频繁地带。京师、府道等各类中心城市是因为不断演变和发展才能壮大，唐长安一类面积达数十平方公里的古代城市假如能够完整地留存到现代，很难设想其可能具有什么样的非物质文化效果和经济社会效果。

1）历史城区划定的三种类型

历史文化名城制度创立初期，"历史文化名城"只是泛指城市，目的是将其作为一个框，对其中的各种历史文化遗存进行"一揽子保护"。而城市的现状空间都远大于历史规模，其后为了适应名城中的历史文化现状遗存的空间分布特点，提出了历史城区的概念。选择、确定历史城区的具体范围的方式可以分为以下三种类型：

①以现状地面遗存为主

历史城区以现状城区范围内的遗存集聚状态划定，这种方式与现状的关系直接、明确，范围内历史文化要素的分布密度高、空间均质性好，比较便于按照现行管理要求进行保护。

②以历史上的最佳时期为主

以现状城区中、历史上的城区范围划定，能够较为全面、完整地反映历史的城市总体结构和形象。历史上的城区面积有可能小于、大于现状城区，或者与现状城区不完全重叠，宜结合现状统筹考虑。例如延续传承 2500 多年的苏州，宋代碑刻的平江府城是 11.2 平方公里的矩形，加上古城到大运河的山塘、上塘两条古街，共约 20 平方公里，只是现在面积 200 多平方公里的十字形城区的地理空间中心。

③按历史上各个时期的城区范围

具体包括城市现状建成区中、历史上曾经有过的若干或全部城区，一般需要有城墙或城河等明确的空间界线。例如，历史上南京曾有过越城、东府城、西州城，六朝、南唐、元代等不同时期、不同位置和规模的城区范围；扬州有汉代广陵城，隋代江都宫城、东城和罗城，唐代子城和罗城，宋代堡城、夹城和大城，明、清城等，都是现代城市空间范围和古代城市遗址大部重叠的空间类型，其所叠加的丰富历史信息和城市发展的空间关系，是历史文化名城中特有的连续、动态发展的代表。

2）历史城区分类的选择

历史城区分类的选择主要考虑三个因素。

①最重要的前提是应以现状地面遗存为主。已经没有遗存的

城区，保护依据不充分，甚至不可信；只有地下遗存的只能称为遗址而不能确定为历史城区。曾经有历史文化名城把春秋时期的古城区范围明确为历史城区，而其现状只是一片农田，其结果可以想见，因此还是应该面对现实，将其确定为遗址。

②应以现在居民仍然正常生活的城区为主。只有遗存而不在现状城区范围内的只是历史上的城区，只是遗存或遗迹，不应被划为历史文化名城范畴的历史城区。

③名城保护不等同于文物保护，应以保护与发展能够相互支持、协调为原则，划定历史城区。因此，历史城区的划定原则以结构完整为佳，保护规则应考虑历史城区中遗存分布的非均质性，二者需要统筹协调，能够支持在发展中保护、在保护中发展；避免在划定时只考虑理想、在保护中迁就需要。

2. 历史文化街区规模

国家历史文化名城要求每处历史文化街区的占地规模不小于1公顷。这个标准十分恰当，面积再小了就近似于建筑群，而不易反映城市的街巷脉络、邻里和生产等功能组织关系、生活居住和生产风貌等传统文化。当然，规模太大了有可能不便于保护，现代社会也不太容易按照其原有功能进行有效率的利用。从这个规模标准可以得出几点提示：

1）历史文化街区的时代完整性

明确历史文化街区的空间范围，毫无疑问必须以现状物质遗存为基础，在此基础上也可以考虑某个历史时期的规模，以便于街区历史时期风貌的完整性保护。

2）历史文化街区保护利用的可行性

历史文化街区不是面积越大越好，应当同时兼顾历史文化遗存的实际状况和遗存保护的可行性、利用的现代性，以及利用效益的竞争力，为城市的持续发展提供活力资源，避免因不当的偏重反而使历史文化街区的保护成为城市发展的羁绊。

3）其他相关条件

遗存在历史上的文化意义是划定历史文化街区的基本参考依据，此外还有一些条件也应当同时作为划定街区范围的重要参考因素。例如遗存在城市现代空间布局中的区位，包括布局结构和发展方向的区位，以及遗存本身的功能等非物质文化融入现代的渠道和可能性等。

3. 遗存片区纵深规模

提出纵深规模的问题，是因为历史文化街区的生活居住定义。主要考虑与之直接相关的两个重要影响因素：现代家庭人口规模的住宅户型和现代城市交通的需求。

1）住宅户型

因为古代的家庭结构和宗族社会特点，在传统居住方式中，三、四代同堂是正常状态，往往聚族而居。能够留存至今的不少大户住宅，一户的人口规模往往是十数人、数十人甚至百人以上，住宅建筑面积也就必须达数百、数千乃至逾万平方米，而且在功能、礼制和空间组织等关系方面形成一个整体。

现代社会以核心家庭为主，平均每户人口不到 3 人，因此保护利用传统民居通常必须分户，家家户户都需要直接对外进入街巷。若街区空间纵深太大，当中的住户直接对外就非常困难；如果不拆除建筑物，一些住户根本无法对外；而穿过其他住户对外，在现代城市中一般都难以接受。遗存片区纵深太大的街区一般只能基本放弃传统的生活居住非物质文化，而改为以公共功能为主。

2）交通需求

要达到现代宜居水平，除了建筑物要素，是否具备适宜的机动交通条件最为重要，这也是街区居民最普遍关注的基本问题。生活居住类的传统街道一般都可以适应马车双向通行，承担现代小区级机动交通问题不大。传统巷道都是步行尺度，大多数都无法支持机动交通方式，如果拓宽巷道就要拆除传统建筑，而且改变巷道的历史尺度。一个街区能够在两侧设置出入口，基本可以解决机动交通需要；如果纵深（因为居住建筑基本南向布局的特点，主要是指南北方向）过大，当中的住户必须步行较长距离才能衔接机动交通，就会影响当中住宅的现代宜居水平和市场竞争力。

对于生活居住类历史文化街区，普遍现实已经证明，如果保护效果不能达到现代城市的普通生活居住水平，通常就要放弃传统生活居住非物质文化，成为现下时髦的旅游打卡地；或者成为低收入群体和生活水平不高的老年人集聚区，沦为城市的"疮疤"。这两种效果都不是历史街区的传统文化主流。

因此，历史街区中街道一侧的空间纵深不宜超过衔接机动交通的适宜步行距离的两倍，一般以不超过100米为宜，即从巷道中间步行不超过50米可衔接家用小汽车、出租车或公共交通停靠站点。纵深过大则需要进行功能分片，街区中部等机动交通不便处保持步行方式，改为公共功能。

按照建筑遗存现状必须大纵深保护的历史文化街区，宜在划定空间范围时统筹考虑如何解决街区的现代交通需求。

4.历史街区的总规模

一些城市的传统居住建筑成片遗存较多，对于历史文化的丰富度是不可多得的优势，但是对于历史文化的活化利用则增加了复杂性。在这种情况下，对于历史街区的总规模就不只是应保尽保那么简单，而需要在应保尽保的原则下，统筹考虑历史街区总规模与城区总规模的关系。

考虑这个关系，可以着重分析以下四点：

1）保护种类和特色

首先，要把保护历史文化遗存的种类和特色作为前提，每种建筑形制、功能类型和重要特点都必须保护，不可或缺。从保护价值的角度，遗存的类型比数量更为重要；从保护效果的角度，遗存的特色品质比规模更有影响力。

2）城市发展路径

判断对全部现状遗存进行保护可否形成一种相对独立的城市发展路径，即考量能够形成城市的重要产业所需要的规模与遗存总规模的关系。

3）市场需求容量

主要包括传统民居的现代宜居、文旅产业和其他能够有效活化利用的功能三类市场需求的容量。在不同经济发展区域、不同人口规模等级的城市，同类遗存利用的市场需求容量可能有非常大的差距。

4）公益功能容量

公益功能容量取决于两个因素，城市的人口规模和公共财力，而公益政策也有相应的影响和作用。因此，历史文化名城保护也应当关注相关公益政策的制定和完善。

相同的历史街区总规模，有可能使一个小城镇成为历史城市，在几十万、几百万、上千万人口等规模差异巨大的城区中的作用大不相同，其市场和公益等容量也无法相比。还要考虑遗存的品质等具体情况，以及城市已经普遍拥有的现代宜居水平对传统民居保护的影响。如果传统住宅建筑遗存没有重要的历史价值或十分鲜明的特色，能够有效利用的规模则是需要认真研究的问题。

三、物质遗存品质分类

从保护和利用的角度，应对物质遗存的品质进行分类，主要考虑文化品位、工程质量两种分类内容。文化品位影响保护的原则和利用的目标，工程质量则主要影响保护的方式和具体操作方法的选择。

1. 文化品位分类

考量物质遗存的历史文化价值，着重看其在系列体系构成中的重要性、同一系列或类型中的影响力和利用价值等方面，可以归纳为代表性的强弱、经典性的层次、稀缺性的有无或稀缺度。

1）代表性

代表性指物质遗存对于建筑功能类型、建筑形制、建造技艺、群组规模和群体组织形式等方面的代表作用。其代表的要素越多，保护的作用就越大；代表性越强，保护的价值就越高。能够代表一种功能类型、建筑形制、建造技艺的遗存，应当优先保护；在面广量大的同类历史文化遗存中，具有代表性的遗存对象应当优先保护。

2）经典性

经典性指建筑形制、建造技艺等水平。如果说代表性主要是针对"形"的因素，那么经典性就是强调"神"的因素，体现了最重要的标准和最佳的水平，也可以理解为代表中的代表，因此具有经典性的遗存的保护价值比具有代表性的更高。

3）稀缺性

稀缺性主要指在历史文化的类型体系构成，建筑物的功能类型和形制、建造技艺，重要历史阶段，或特定的历史时期、事件等方面，是现存的孤品，或仅存极少的物质遗存，有着非此即无法实证的独特作用，是不可替代的历史文化物证。遗存的每一种稀缺性内容所展示或体现的某些历史文化的状态，都能够有效地提升历史文化节点、系列和网络的完整性，因此保护价值相对最高。

2. 工程质量分类

历史遗存的文化品位主要影响其应予保护的程度和对其施行保护的优先顺序，历史遗存的工程质量则是对其保护的技术方式的选择依据。如果说，对文化品味的判别有可能受评判者的个人偏好影响，对工程质量的评定则必须遵循工程科学规律，按照现代技术规则。

工程质量可以分为两个系列：部位和质量。从工程质量角度选择保护或拆除等具体方式需综合两个系列的遗存状况。

1）部位

建筑物有很多组成部分和构件，总体可分为三类：结构、围合、装饰，各类部位对于建筑物工程质量安全的作用不同。

结构是建筑物得以成立的关键，建筑物的体量和造型主要取决于结构及其形制。中国传统建筑以木结构为本体质量的主要标准，这也是传统营造通常由大木作匠师负责营造的原因。

围合包括六合：周边墙体、屋顶、铺地。围合部分的材料主要是各类砖瓦，其历史文化内涵包括了制作和铺砌两个方面的技艺。砖瓦的制作技艺属于传统建筑材料生产行业，营造技艺只论铺砌。

装饰指建筑的饰物和纹饰，通常都具有丰富的历史文化内涵和特色，同时也是传统营造中雕塑、彩画等技艺的载体。传统建筑的装饰基本上都是对功能性构件直接加工的形式，一般功能性构件都有一定程度的装饰；也有一些单纯性的装饰构件，例如戗脊脊兽、三幅云、纱帽翅板、挂落等。

2）质量

从工程质量角度，可以分为表面、构件、结构系统、建筑整体四个层次的质量，不同层次的质量问题对建筑物各有相应的影响和作用；对策措施也需要针对具体情况，解决质量问题，通常包括粉刷或油漆、修补或换件、维修或换架、落架大修或拆除等。在传统建筑的使用历程中，这些活动或措施都是必要的正常现象。

3. 规划分类和工程分类的关系

当前的名城保护中，因为职责、技术的分工和程序因素，对遗存品质的分类客观存在着两种方式：保护规划方式和保护工程方式。这两种方式也客观存在着两种标准。

名城保护规划、街区保护规划由于其宏观性和城乡规划专业主导的特点，通常更加重视保护的必要性，并主要依据遗存的文化品位或外部风貌划分等级，分为保护、维修、拆除等不同类别，这样的分类在总体上便于编制保护规划。

但是进行"保、修、拆"的判别，应以遗存对象的工程质量调查作为基本依据，文化品位、外部风貌只能作为分类的基本依据和参考条件。如果保护规划阶段分类不准，在保护实施阶段必然会出现矛盾。

在已经科学确定保护对象的前提下，保护工程设计和施工的分类只针对保留建筑，以修补为主。由于建筑设计的专业特点，特别是施工的行业特点和专业规则，工程质量的安全性一点也不能马虎，甚至必须对建筑物每个构件的工程质量进行分类，对具体遗存保护的可行性起到决定作用。

目前的保护规划多只是强调保护建筑物的体量、城市空间尺度、古色古香等城市风貌要素，但即使是身高、体重一致的仪仗队员们面貌也各不相同，建筑造型、年代特点、地域特色等建筑要素，还是必须通过建筑设计、施工等工程类手段才能进行专业识别和保护。

现代的专业分工形成了侧重于文化品位的保护规划分类和侧重于建筑质量的保护工程分类，两种分类方式各有优点、各有适用。总体而言，规划的优势在于保护对象与区域、全局的关系，保护与发展的关系，经济社会和民生政策等方面；建筑的优势主要在于保护可行性判别、保护方式选择等工程技术的科学性和时代特点、地域特色等历史文化的立体性方面。保护工作需要整合优势、排除局限，两种分类的整合可以考虑前置和后移等方法。

前置法，即在保护规划编制阶段，整合相关技术力量，对遗存进行工程质量考察，作为保护分类的依据。

后移法，即保护规划编制阶段依据文化品位等提出保护对象的基本范围和一般原则，具体保护对象的名单，特别是工程质量明显存在疑问的对象名单，以及保护的具体分类，确认工作后移到工程设计阶段。

四、功能的现代影响关系分类

功能指遗存建筑的功能，包括历史上建造时的初建功能、中间改变的功能和现状使用的功能三种。例如初建时是祠堂，后来作为学堂，现在空置；初建时是住宅，后来用作办公，现在是商店，等等。功能的改变一般有两种可能，一是不适应时代，二是不适应使用者。因此，建筑遗存功能的现代影响关系主要有以下几类：

1. 功能的时期与建筑形制的关系

建筑都是为了具体目的而设计建造的，在各种不同时期的功能中，初建功能与建筑形制最相匹配。因此，利用初建功能最有利于保护与建筑同时期的物质文化和非物质文化。

现状功能的保护最具条件、最为方便，也最符合当代人的印象记忆。从物质和非物质文化并重的角度，一般情况下，保护现状功能常常是首选目标。

初建和现状之间曾经存在过的中间功能，尽管在与建筑形制的关系上可能不如初建功能匹配，在保护条件和便利方面不如现状功能，但与新功能相比，仍然具有一定的历史文化意义。如果中间功能具有重大的历史文化意义，即使存在时间不长，甚至只是一个临时的、偶发的事件，也往往会成为该建筑物最需要保护的历史文化价值，例如作为各种纪念地的建筑物。

2. 功能内容与时代需求的影响关系

二者的影响关系体现在生产方式改变、市场变化和科学技术进步等方面。

生产方式改变主要影响各类生产性建筑物。产业升级换代或转型致使原有建筑的承载功能不适应；市场变化引起原有生产功能类型不适应，从而致使原有建筑的承载功能不适应；相关科学技术水平进步，致使生产功能或建筑物的承载功能不适应等。

这些不适应归结为物质和非物质两类文化的不适应，可能产生这两类文化的变化，相应就需要对两类文化进行保护。一般来说，功能是根本，形式是现象，因此保护功能内容在形式保护中是应当十分重视的，例如工业文化遗产保护应包括工业建筑和工业本身的历史文化。当然，因为生产文化的海量和动态特点，对于保护哪些内容和相关内容的规模需要进行选择。

3. 功能内容与使用者的影响关系

这种关系主要体现在使用者的职业、技能或偏好方面。

建筑的使用者多种多样，有不同需求、不同能力、不同意愿的使用者，也有现状使用者和潜在使用者之分。按照遗存功能的现代需要，融入现代的渠道有以下几种可能：对使用者进行技能培训、职业教育，改变使用方式，或者直接调换使用者。

4. 功能水平与时代的影响关系

二者的关系主要体现在居民生活，特别是居住水平方面。

保护生活居住功能是名城和历史文化街区的刚性要求。与城市新区建设已经普遍实现的现代条件相比，历史文化街区必须活化保护。街区功能不能融入现代生活，就不能改变街区在城市中的滞后地位，影响城市和地区的综合发展。

例如，笔者最近在一座人均 GDP（国内生产总值）近 20 万元、城镇人均可支配收入超 7 万元 ^① 的国家历史文化名城进行的一项关于传统民居现代宜居的研究项目中，以在职工薪阶层居民为主要调查对象。

在列入调查的八项需求中，"生活设施便利"是受访者关注度最高的内容，为 60.54%；其他关注度超过 50% 的需求依次为户型功能、机动交通等；受访者对住宅建筑风貌的关注度最低，为 16.86%。

在对于传统民居的态度方面，受访者中选择"因现代居住需要拆除重建，但维持传统风貌"的占 43.68%，选择"原有传统建筑适度改造"的占 31.03%，选择"维持院落格局并接受现代建筑"的占 21.84%，仅有 3.45% 的受访者支持"一定需要是原真性的古建筑"。

住宅建筑宜居和街区交通等基本生活条件符合现代水平，应作为对相关建筑遗存和街区保护的时代目标底线。任何以牺牲某些居民群体的基本生活权益为代价的保护都是不道德的，不符合"以人民为中心"的宗旨。

5. 功能水平与利用者的影响关系

该关系主要体现在利用者的经济能力方面，特别是传统民居与居民的关系方面。

使传统民居的功能水平达到现代宜居要求，必然需要资金等投入，住房价格将随之提高，否则投入和产出就会因不平衡而难以持续良性循环，也不符合价值价格规律，这就要求对于承担者的政策性选择。达到什么档次的宜居要求，直接涉及多少投入，

---

① 这样的经济水平，一些历史文化名城目前已经达到，对众多其他历史文化名城也是完全可以预期的发展前景。

转换到房价上，实际就是主要提供给什么样的利用群体，这同样要求对于承担者的政策性选择。

对于承担者的政策性选择不外乎以下三种：

一是按照"谁得利，谁承担"的原则，由现状住户承担。

二是遵循"扶助弱势群体"的理念，对现状住户按人口或现有面积、可支配收入水平或其他条件，制定区别性或普遍性的补贴政策。

三是按照或结合市场规律，市场销售中在同等条件下，现有住户享有优先购买权。

第一种选择理论上可以保有现状住户，但因目前传统民居住户经济条件的客观情况，经常有可能不是降低宜居标准，就是实际上转为第三种选择。

第二种选择可以实现，但具体宜居水平取决于具有可靠保障的政策及其力度。如果此类遗存面广量大，客观上不具备相应的公共财力或缺乏可行的资源置换渠道，则会出现心有余而力不足的情况，有可能导致类似第一种选择的结果，不是降低宜居标准，就是实际上转为第三种选择。

第三种选择的现代宜居标准的灵活性较强，购房者承担的责任明确，只要把握好市场需求，可实现性强。

五、老城、新区布局关系分类

城市布局结构是不断演变发展的，在城市规模拓展期变化更大、更快。大的变化需要更多的调整适应，需要统筹考虑近期和远期的影响，以作出正确的引导和决策。快的变化则主要挑战城市居民的习惯和当代人的记忆，矛盾通常发生在当前和未来的近期阶段，当然也与对城市远期发展的预测、预期相关。

新区往往形成速度快，否则就不够资格称为新区，而只能称为规划新区。新区与老城的关系是名城保护中非常重要的影响关系，在某些情况下可能是最基本、最重要的关系。对这个关系进行分类，有助于选择恰当、可行的对策方法。

1. 老城、新区之间的主要影响关系

老城、新区互为一体，在多方面相互影响。从名城保护的角度，主要有以下四个方面的相互影响必须予以关注。

1）城市交通影响关系

无论是建设还是运行，交通总是城市的先行要素和必不可少的支撑条件，名城保护也不可能例外。选择以保护为前提考虑交通方式和结构，或是以交通为基础考虑保护方式和策略，除了考虑交通的自身条件和可能性，还主要与遗存的重要性、空间规模及其布局、结构直接相关。

历史上的步行尺度有其适应的生产方式、生活水平、日常活动空间距离等合理范围，旅游活动方式也不等同于现代日常生活方式。现代的城市交通在交通方式、路网结构、线路安排、尺度风貌等诸多方面，具有迥异于步行交通的科学规则和某些刚性要求，需要统筹城市交通与历史文化保护的协调关系。如果一处遗存的群体空间规模大于现代城市交通的干道网络等的刚性要求，此时遗存的重要性、干道网络的可行替代性就成为进行比较和选择的主要因素。

2）景观环境影响关系

木结构的材料力学特性、传统生产力水平和生活方式等，决定了以低层、高密度建筑为主的城市历史空间的基本特征。新建

区的建筑高度和容积率基本上都显著高于历史地段，在景观风貌和建设用地经济效益等方面普遍存在着老城与新区之间的差距。因为功能和文化等不同时代特点，合理的区别是必要的，但差距过大也会影响老城的活力。

面对这种普遍的现象，有一些保护问题似可进一步深入探究。例如以下几个方面。

历史地位保护。当前对历史文化遗存的保护，无论是皇宫还是一座普通的传统民居建筑，基本上都以划定建设控制地带等方式对保护对象周边一定范围进行严格的建筑高度控制，以凸显保护对象在空间中的主角地位。是否可以针对保护对象历史文化的具体意义、历史地位关系和作用特点，恰如其分地进行相关角色的保护定位，采用与角色性质相适应的保护措施？

群体秩序保护。群体之间的传统组织关系，包括礼仪制度的等级、建筑功能的主辅、营造技艺的美学、文化系列的符号等许多内涵。如何适宜处理真实地保护历史文化空间风貌、现代规划设计理念和传统营造理念的关系？

风貌协调保护。因为中国传统建筑的进落式和礼仪秩序特点，同一功能建筑群本身从数米到数十米高度之间的组合都是正常现象，甚至可以说是必然存在的现象。高度控制的目的是新老建（构）筑物风貌的协调，建筑风格也是风貌协调的有效方法，而且是比高度控制更符合传统、更适于现代的方法。在某些限制条件下，是否可以把建筑风格协调作为高度控制的替代方法？

这些保护对象都是建筑设计的产物，那么在保护方法、保护规则与设计专业之间，怎样的关系才能合理有效地提升历史遗存的科学保护水平？

深入进行这类探究，真正弄清"所以然"，一定能够有助于更好地协调历史文化保护和现代发展需求的关系。

3）历史文化特点与发展机会

古今生产力水平和文化特点不可同日而语，人们看到的是传统的物质空间环境条件，感受到的是现代的生产生活水平需求，根本实质是发展机会的不同，由此必然带来居民成分的差异。

居民成分、劳动技能和收入水平、岗位层次等，这些要素密切相关。产业门类、层次也需要具有与之相适应的生产技能和水平的劳动者，相应的交通运输、空间环境等城市条件，及建筑物载体的功能和水平。其中任何一个要素的变化都很可能引起一连串的反应。

城市的局部功能可以人为设置、调整，例如把生活居住、传统产业调整为文旅等，而居民成分是发展需求和人类进取精神的市场选择。发展机会的区别，决定了老城、新区之间的基本关系，如果差距过大，很可能加剧老城的衰退。

4）现代宜居影响关系

衣食住行自古以来就是人类的基本需求，吃饱穿暖后就是住的问题；实现了小康，衣食已经不是问题，对于广大人民群众，现代宜居已经成为基本的生活居住需求。在所有新区、新建住宅已经实现的宜居水平对比下，传统民居能否实现现代宜居的问题和矛盾凸显，老城中，特别是古旧民居集中的历史街区成为实现现代宜居的难点和焦点。

传统民居的现代宜居条件可分为以下三类。

一类是底线条件，类似于最低收入标准。是否达到这类条件，在某种程度上是社会道德标准的体现，反映了社会的文明水平。因为历史文化而形成低收入人群、老年人等弱势群体聚居区，是不正确的保护理念、不明智的保护方法。

另一类是同城条件，即与新区、新住宅的比较标准。新区的标准越高，发展机会越多、越好，传统民居现代宜居的水平就越需要水涨船高，保护目标以不低于同城的平均居住水平为宜，否则就不能具备相应的吸引力和市场竞争力。相同的传统民居居住条件，在不同的周边新区条件下，居民满意度大不相同，就像俗话说的"不怕不识货，就怕货比货"。按照我国传统民居的一般特点，从目前的市场反应来看，单纯修缮的传统民居的宜居水平，在人均 GDP 6 万元左右的城市中基本还能较普遍地适应；在人均 GDP 10 万元左右的城市中，不宜居的矛盾随着城市发展而开始凸显和加剧；城市人均 GDP 到了 20 万元左右，若传统民居如果仍然单纯依靠修缮，历史文化街区仍然不具备现代交通条件，其居住功能水平就会与现代社会需求拉开非常显著的差距。

还有一类是保护目标水平。综合考虑新、老式住宅所适宜的生活方式和生活水平的各自利弊，结合历史文化保护的需要，充分利用院落和群组优势，具备合适条件的历史文化街区应可以达到更高宜居水平，形成城市特色。

2. 城市布局与遗存规模的关系

遗存规模对城市布局的直接影响主要体现在空间结构、功能片区和道路网络三个方面。

1）遗存规模与布局结构

常见的遗存形式，有一般城市中普遍存在的散点式；有绝大部分名城都有的片区式，通常被划定为历史文化街区或历史地段；也有在城市中格局相对完整的古城，通常被划定为历史城区。极少数完整、独立的古城多被命名为"历史城市"，但历史文化名城的遗存的总规模不一定小于历史城市。

由此可见，一处、一片遗存的规模和城区历史物质遗存的总规模都有可能影响其命名。不同的命名既体现了遗存自身的特点，也说明了它们与城市的整体布局结构有着各具特点的相互关系，对城市的发展战略和路径、功能特点、空间布局等方面产生不同的影响，在保护、利用、融入现代等方面，有不同的可能性和可行性。

2）遗存规模与功能片区

一片遗存的规模与城市的功能片区直接对应相关，因为在市场需求和路网密度要求的影响下，现代城市的各种功能片区都有一定的合理独立规模。

如果一片遗存相对于现代功能需求的规模过大，就适宜结合所在地区的功能进行合理划分，形成遗存片区的多种功能。如果遗存的相对规模稍小，该片区的其他功能则适宜作为遗存功能的辅助；如果遗存的相对规模过小，一般则适宜与其他功能融为一体。历史文化意义重大的遗存片区，无论规模大小，都应作为该片区的主要功能，或者相对独立。

3）遗存规模与城市路网

因为交通方式的不同特点，遗存片区和现代城区路网的密度和道路截面往往是不对应的。从历史文化保护需要的角度，两类片区的路网不应该全要素打通，但必须进行衔接和协调。

如果一片遗存的规模过大，在其周边的功能需求和道路截面等条件无法抵消其缺少干道的影响作用时，新区干道穿越片区很可能难以避免。例如苏州古城在新中国成立后数十年中，随着新城区的拓展和城市交通的现代化进程，逐步延伸、拓宽南北向主干道人民路、东西向主干道干将路，两条道路的名称也各自体现出道路工程的时代文化色彩。因此一片遗存的边长如果不超过现代干道（最好是支路网）的间距，对该片区的历史文化物质遗存保护较为有利。

如果一片遗存属于一个功能群体，即使规模大也不应进行分割，城市道路只能在遗存片区以外的路网和相关交通线网中进行调整和协调；实在需要穿越，则必须在确保不影响地面遗存安全的前提下从地下穿越。

六、遗存区位关系分类

同一件遗存，因其所处环境不同而有可能作用迥异，环境的条件和关系对遗存的价值和作用有重要的影响，就如同一壶水在江边与在沙漠，作用有可能天差地远。

1.遗存与区域区位

保护和利用历史文化遗存，可从区域角度分析以下区位关系：历史文化区位、地理经济区位、区域交通区位、现代功能区位。

1）历史文化区位关系

即该遗存与特定历史时期、具体文化区域的关系，是遗存的文化时空定位。弄清这个区位关系，有助于弄清楚该遗存的意义到底有哪些、主要是什么，以更加准确地评估遗存的历史文化价值，更加清晰地展现遗存的特点，形成和提高遗存的整体价值。

例如西南地区的一些古建筑，特别是明代的遗存，从形制到纹饰都具有浓烈的苏南建筑风格；苏南地区普遍流行的进落式传统民居建筑群，在西部地区，特别在川西地区，形成了鲜明的川西民居布局特色。这些情况在实物上展现了明初"洪武赶散"和明清两朝长江流域大移民的历史时空关系。

2）经济地理区位关系

遗存当地的乡土材料、乡风民俗，是遗存的产生土壤、特色来源；遗存所在区域的社会经济条件、地形地貌特点和营造的能力、习惯，是遗存的成长环境，肥沃与贫瘠的程度区别，形成相同文化作用的不同空间特质。

乡土是构成各种地域特色的主要基础条件，也是名城保护规划需要特别重视利用的历史文化要素。各类历史文化街区、历史地段的保护，应当优先策划与具有当地传统特色的优秀产业、产品和节庆等乡风民俗相结合，将其作为它们的生产基地或窗口、技能与人才培育基地，既可以帮助当地传统产业升级换代，又可以使当地的历史文化街区保护特色化，促进区域的历史文化街区保护多样化。

3）区域交通区位关系

交通舒适度、交通时间、交通经济成本，这些与遗存本身的价值无关，但与遗存有可能产生的效益、效应密切相关，直接影响遗存利用的渠道和方式。

任何一处遗存，如果其自身的历史文化意义没有条件独立形成旅游景点，那就只能作为当地的纪念、荣耀和一般休闲欣赏景观，或者用于某种专业性的考察和研究；如果其作为旅游景点，就需要纳入旅游交通线网，并需统筹考虑线网相关点的吸引力、交通时间等情况，测算该景点的旅游时效、性价比等。

4）现代功能区位关系

大如基本农田、生态安全保障、城乡建设用地等自然资源分类功能，小如某种具体的生产、生活、生态功能等，功能区的现代需求决定了遗存保护和利用的总体方向。

例如在一般历史文化街区，一处面积 30 多平方米的门面房的年租金，当前多在 10 万元左右，而广州某些历史文化街区类似门面房的年租金基本达到 30 万元左右，但其销售品与其他地区年租金 10 万元的基本相同。区别在于广州的那些门面房是服务广大区域的批发功能，其他地区则只是零售；而批发功能又离不开生产功能的集聚规模和现代物流等条件。

2. 遗存空间关系与城市区位

遗存在城市建成区中的空间关系，直接受到城市的空间形态、功能布局和交通结构，也就是遗存在城市中的空间区位的影响。

常见的城市空间结构与遗存区位的关系有以下几种：

1）并列式

一般情况下，新、老城区的空间规模大致处于一个等级，否则就无所谓并列，而是主体和组团的关系了。典型城市如 20 世纪 80 年代的苏州，跳出古城集中向西，分别沿大运河两侧，与古城平行发展河东、河西新区。

这种城市形态的优点是古城空间相对独立，最利于历史城区的整体保护。需要关注的有两点，一是古城和新区之间的现代城市交通的协调衔接，如果处理不当则互受牵制；二是古城和新区之间的发展水平，特别是发展机会的相对均衡，如果不能保持均衡，古城衰落则难以避免。此外，在城市化水平尚处于以成长为主的未成熟时期，随着新城区的持续增长，这种空间相对独立状态很可能演变为其他形态。

2）交叉式

仍以苏州为例，古城面积为 11.2 平方公里，历史城区面积近

20 平方公里。从春秋时代建城延续到新中国成立初期的历史城区基本范围，经 20 世纪 80~90 年代的古城与新区并列，拓展演变为"古城居中、十字放射、四角山水"的城市形态，城区总面积 200 多平方公里。

这种城市形态的优点是古城相对独立，也比较有利于对古城的整体保护。但前述两点更加需要关注，一是古城处于十字交叉地带，与四周新区的城市交通衔接问题更加复杂；二是四翼的新区发展虽可以为历史文化提供保护的政策性支援和利用的市场性支持，但也很可能对传统功能融入现代生活形成更大的压力，古城发展一旦滞后，周边地区对活力人口、高端工作岗位、优质公共服务等相关发展资源产生的虹吸效应更大、更快。

3）圈层式

典型城市如北京，60 平方公里左右的原古城空间范围，只是现代六环超大城市中的二环核心区。

这种城市形态的优点是能够以古城为中心，延续历史悠久的城市轴线，形成历史文化传统深厚、空间景观宏伟壮丽的城市景观。但仍然需要关注两点，一是城市规模较小时，较大的古城会给城市其他区域之间的联系带来不便，二是这种城市形态不适于没有大规模空间拓展前景的城市。

4）散点式

这是目前大多数历史文化名城中遗存现状空间分布的主要方式，典型城市如上海，两千多万人口的超大城市，除了一些集中的片区式遗存，众多遗存分布于全市，即使市郊也不乏物质类历史遗存。

这种形态的名城中，遗存地段点多，涉及空间面广，新建筑的高度控制和风貌协调问题复杂。普遍需关注以下三点：

一是保护内容宜按门类、按专业或按重大事件进行梳理，形成系列化的历史文化内涵，以便发挥历史文化的类型作用和形成规模效应，同时有利于提升专业保护水平。

二是保护形态宜结合遗存空间分布和历史文化系列分布特点，从方便历史文化活化利用的角度，重视遗存所在地块或地段的整体功能组织，以促进将历史文化更好地融入现代生活。除了具有比较完整的空间结构且历史文化意义特别重要的地段，一般不宜单独以历史文化遗存形成独立的城市性空间结构。

三是随着保护时期的不断延伸、保护对象的持续增加，名城的整体性和生命力将能够更全面地得到展现。为了更好地发挥相关部分的不同作用，需要对现行的高度控制和风貌协调等方面的定义理解和保护理念进行反思，并作必要的改进完善，以在保护传承好优秀历史文化的基础上，更加恰当地彰显名城的生活性、综合性、发展性等本质特点。

3. 遗存区位与人的影响关系

区位特点与人的影响关系需要关注以下几个方面。

1）区位的交通特点影响旅游客源成分

便捷的交通可以节约路途时间，同样的开支可以给观光旅游带来更多的欣赏和享受；而交通不便则可以回避热闹，给休闲度假带来优雅舒适的环境氛围，为相关专业创作和研究活动形成利于静心、专注的环境条件。

2）区位的线路特点影响利用价值

线路特点也是一种交通特点，不同之处在于，交通特点主要是指点对点的关系，线路特点是指沿线点的密度。在线路中的点可以形成规模效应，从而带来规模效益。当然，"酒香不怕巷子深"，精美、精华、经典从来都不缺最广泛的追寻。

3）区位的经济特点影响旅游客源消费层次

经济富裕地区的旅游服务一般水平较高，旅游成本相对也高；经济滞后地区的旅游服务水平有时可能稍低，但也可以减少开支，由此带来经济条件和偏好不同的客源。

以上几个特点主要是与历史文化资源的利用，特别是旅游业的利用相关；对历史文化遗存的保护，主观上不需要考虑这些特点，但对于一般性历史文化遗存的保护，客观上可能会受到这些特点的影响。

七、历史文化分类

因为实际遗存情况和保护目的、条件的多样性，历史文化的分类是难以穷尽的。以下针对历史文化自身特点，介绍两种目前应用尚不普遍，但非常重要的分类。历史文化遗存内涵深厚、丰富的名城，应当进行这样的分类；如果没有这样的分类，或者事实上没有做到这样的区分，那么历史文化多样性的真实保护和专业化保护是不可能实现的。

1. 主要遗存时期分类

历史文化的悠久由各个历史时期延续组成，不同阶段各有该时期的历史特点，无论是和平时期、战争年代，或是过渡时期、融合阶段；无论历史人物、历史事件，或是当时的历史作用、对后来的历史影响，各个城市的不同历史时期都有自己的历程。保护要素所属的历史时期越多，各个历史时期的特点越明显，名城历史的整体性越强、丰满度越高，历史的轨迹才能越清晰、越生动。

已经没有物质遗存的历史文化类型，重要的内容多会转化为非物质文化流传至今，当代人的责任就是结合现代需求、选择恰当的方法把它们延续传承下去。

现有主要物质遗存构成城市历史文化的空间主体，而不同历史时期的遗存都有当时的特色，保护好各个历史时期的时代特点是名城真实性保护的基本性重要任务。

2. 特色文化系列分类

文化的多样性客观存在，不同城市的文化多样性也各有特点。如果某类文化（包括物质和非物质）的遗存较多，应按照该文化遗存形成系列，突出保护利用主题，既便于集中相关技术力量、提高专业化保护水平，也可以为这个历史文化系列提供丰富的研究资源；在具有可靠历史依据的前提下，可以采用恰当的方式增加遗存系列的内涵、提升历史文化的丰满度，能够形成规模效应。例如《苏州历史文化名城保护规划（2013—2030）》将苏州历史文化分为园林、工艺、建筑、丝绸、运河等12个系列，按照各个系列的历史文化、遗存和专业特点，分别研究保护方式。

其他如民族文化系列、地域文化系列莫不如此。

可将以上探讨内容梳理简列如下表。

历史文化名城要素关系分类

要素内容	分类	基本特点	作用关系
空间规模	历史城区	现状传统核心范围	保护主要结构，提高均质性
	历史街区	居住、产业等文化	传统风貌，名城刚性条件
	片区纵深	传统街巷脉络结构	户型、交通等现代宜居条件
	街区总规模	遗存丰富度、完整度	城市发展路径，相关容量

续表

要素内容	分类	基本特点	作用关系
遗存品质	文化品位	价值、影响力	优先保护文化类型和品质
	工程质量	自然科学规则	保护分类的基本依据
功能关系	功能时期	相关时代特点	非物质文化保护内容选择
	功能内容	需求特点	活化利用的渠道和技艺
	功能水平	融入现代特点	保护标准和经济政策
空间布局	新老关系	历史文化轨迹	时代特征分明，整体协调
	新老规模	同城、片区关系	路网、功能、宜居融入现代
遗存区位	区域区位	文化、经济、交通、功能等关系	历史文化系列脉络，城市发展战略
	城市区位	空间布局结构	名城保护方式选择
文化历史	时代特点	不同历史时代特点	保护悠久历史立体轨迹
	文化特色	不同地域、系列特点	保护一体多元文化特色

八、名城保护的分类需要专业化

从技术角度看历史文化名城保护工作，有一些关系反差强烈的基本特点，例如千年的历史演进、一朝的集中保护，社会的综合产物、行业的专门保护。为了尽可能消除这些反差在名城保护中所自然产生的不利影响，如果把技术规范方法的关键要点归纳为一个字，就是"分"。

"分"在名城保护中的主要对象，包括领域、层面、特性等诸多方面。不同领域如经济学、社会学、建筑学等，不同层面如规划编制和建筑设计、施工等，不同特性如建筑物理的宜居、建筑材料的环保和耐久性等，这些分类的基本方法总体上可用"三分"来概括，具体如下。

1. 技术分层

名城是整体的、综合的，但名城的保护对象是具体的、独立的。要实现保护目标，规划、设计、施工各有自己的责任，一个也少不了；需要遵循历史文化宏观、微观内涵的不同特性，区分技术层次，根据不同的技术特点，发挥各自的专业优势。名城保护的对象以各类建（构）筑物为主，这是基础的客观特点，特别应当关注建筑工法层次的保护，保障传统营造技艺真实地保护传承及其作用的正确发挥。

2. 特性分类

不同时代、地域、文化系列等各有特点，保护各自特点是最基本的真实性内容；建筑物尤其是生活居住类建筑物的物理、化学方面的特性是历史文化融入现代城市的必要条件。特性分类重在准确把握具体历史文化的内涵要点和保护要点。

3. 目标分用

对具体保护对象应按照各遗存状况的适宜条件，针对适用于保护、利用、传承、衍进等各种类型的主要任务，分别选择不同的保护目标。对于不同用途的目标，各有适宜的保护理念和保护方式；鉴于名城内涵的多样性，文物保护的理念和方式只是名城保护的基础理念和一种基本方式。

无论分什么或怎么分，"分"的目的和作用都是为了更准确、更好地"集"；所有的"分"都应在有利于做好真实性保护的前提下，顺应发展规律，集中到促进历史文化健康演进、名城持续发展的统一目的。

五探保护理念

　　理念是一切行为的出发点，中国文化自古以来就有提倡"意在笔先"①的传统，强调"行成于思，毁于随"②的道理，非常重视理念对行为的先导作用和基础作用。这既是应当保护的优秀传统文化，也是在名城保护中需要遵循、传承的思想方法和工作方法。抽象的理念本身无所谓对错，关键是看适用于什么具体对象，选择恰当的理念和正确运用理念是做好名城保护工作的基础。

一、从名城保护角度对历史文化的认识

　　名城是人类文明、城市历程的集中积累，其中的历史文化丰富而复杂，需要深入探究。分析保护历史文化名城适用什么理念，首先应从名城保护的角度分析历史文化的内涵和特性。

1. 历史文化的内涵理解

　　1）历史文化的定义

　　"广义的历史，泛指一切事物的发展过程，包括自然史和社会史。通常仅指人类社会的发展过程"③。名城的历史，主要属于

---

① 见王羲之《题卫夫人笔阵图后》。
② 见韩愈《进学解》。
③ 见《辞海》"历史"条目。

社会史范畴，也包括自然对社会发展影响的历史作用。

文化，"是一种历史现象，每一社会都有与其相适应的文化，并随着社会物质生产的发展而发展"①；"广义指人类在社会实践过程中所获得的物质、精神的生产能力和创造的物质、精神财富的总和，狭义指精神生产能力和精神产品，包括一切社会意识形式：自然科学、技术科学、社会意识形态，有时又专指教育、科学、艺术等方面的知识与设施。……文化是凝结在物质之中又游离于物质之外的，能够被传承和传播的国家或民族的思维方式、价值观念、生活方式、行为规范、艺术文化、科学技术等，……人们共同认可和使用的符号（以文字为主、以图像为辅）与声音（以语言为主，音韵、音符为辅）的体系总和"②。

从上述定义中可以得出以下几个要点：

①历史是一种过程，其中每一段单位时间的内容和状态都是独一无二的，都随着历史的前行而退隐。

②文化是社会发展的产物，并随着物质生产的发展而发展，具体文化状态都有与其相适应的社会形态。因为与发展密不可分的关系，文化始终都处于变动之中，变动的快慢各有不同，但不可能静止；有永恒的文化，没有永恒不变的文化。

③历史是一种载体，文化是载体的特殊组成部分，"凝结在物质之中又游离于物质之外"，例如建造技艺、造型风貌与建筑物体的关系，城市空间与限定边界的关系等，历史与文化不可分割。

④历史文化无所不在，存在形式多种多样。反之，各种存在形态和形式，如果具备合适条件都有可能成为历史文化。

---

① 见《辞海》"文化"条目。
② https://baike.baidu.com/item/%E6%96%87%E5%8C%96/23624?fr=ge_ala.

因此，从广义内容讲，历史文化可以包括现存的和曾经产生过的所有文化。就具体历史时代和空间地域而言，各有体现不同认识和关注的特定历史文化范围；范围的内容和特点，则多反映了不同时代的观念和空间地域的文化特色。

历史文化保护的对象是现存的历史文化，"现存"的载体有不同形式或方式，例如实物、图文、口传等。有一些民族或时期没有文字的或者文字记载的历史，其历史通过一代代人口口相传，不能因此就否认其历史，而应当根据需要，采用恰当的方法进行科学合理的确证。例如玄奘所作的《大唐西域记》，书中所载的大量内容得到了现代考古证实，被作为记载古印度历史的重要史料。

2）历史文化的物质性

历史文化包括物质和非物质两大类形态，两类相比，物质形态的稳定性较好，而非物质形态的持久性可能更高。从保护传承的角度也可以说，物质要素的真实性直观可靠，非物质要素的历史性可以延续永恒，人类文明起源的文化流传和建筑、建造的有限遗存就是这样的明证。

历史文化名城保护的主要对象是现有的物质形态遗存，而物质形态和非物质形态在很多情况下是相关、紧密相连甚至无法分开的。例如非物质的城市空间离不开建（构）筑物、树木或地貌等物质的限定，物质的建筑也无法与非物质的建造技艺和构成建筑的各种几何尺寸分开，即使是单纯的物质遗存保护，也需要保护遗存的这些非物质要素的特点。

3）历史文化的时间性

历史文化都是时间的产物，如果把各种各类的文化分布于横轴，延绵无尽的历史就是纵轴。随着纵轴历程的轨迹差异和时间变化，物质文化有产生、渐变、突变、灭失等不同阶段，非物质文化也有衍变、演变、突变（通常发生在文化的青春期、有特别影响因素或改换门庭的节点）、断裂甚至断层（特别重大的自然或人为灾害，所谓"天灾人祸"）等不同时期。

所谓"不变"，只是相对于历史纵轴上某一段时间的计量，这种计量通常以一代人的记忆为单位。例如，老年人可以看到儿时居住的木结构住房逐渐破败的变化，但不容易看到新建石拱桥的衰朽。我实在想象不出，假如古希腊人、古罗马人的寿命足够长，他们会怎样评价和对待今天的雅典卫城和罗马斗兽场。

4）历史文化的静态和动态

无论是物质的还是非物质的，两类文化都有静态和动态两种形态。

静态要素可分为三种：内容形态、内涵质态和外向神态。

其中，内容形态如物质的物体造型、非物质的文化形式，内涵质态如物体的化学质量、非物质文化的品格等，外向神态如物体的表面风貌、非物质文化的影响作用等。三种要素的具体状态都只是对特定历史文化对象、某个时间横截面的静态表述，都是历史文化保护的内容。

需要关注的是，三种静态要素的科学属性不同，在保护中需要根据保护对象的具体情况进行相应的专业应对。

动态要素有两种：活态、时态。研究尤其是保护历史文化，除了上述较易为关注到的内容形态、内涵质态和外向神态等三种静态，还需要关注这两种动态。

活态是指因历史文化的功能及其需要而产生的生态关系，特点是某个时间截面的横向关系；历史文化的形成离不开这种生态关系，保护历史文化当然也不能无视这种生态关系。

时态是指历史文化的功能演进及其所需要的生态关系，特点是时间的轴向关系；保护历史文化，特别是保护和活化利用其功能，必须考虑功能生态关系的时代条件和需求。

5）名城保护的动静观

结合名城保护相关分析路径，以上对历史文化动、静特性的认识，也可以更简明地表述为三态：静态、生态、动态。其中，内容形态、内涵质态、外向神态即"静态"体现了历史文化的现状构成，"生态"反映了文化产生、发展直至影响其生存的历史环境条件，"动态"昭示了该历史文化的演进轨迹和保护需要遵循的一些客观规律。

传统的历史文化保护理念更加重视静态、重视建筑，"没有建筑，我们照样可以生活，没有建筑，我们照样可以崇拜，但是没有建筑，我们就会失去记忆。……有了几个相互叠加的石头，我们可以扔掉多少页令人怀疑的纪录"①。例如经现代考古证实，历史传说中著名的秦代阿房宫大殿只做成过夯土台基，流传千年的《阿房宫赋》只是源自错误流传的记忆②。

任何事物有生就有灭，历史文化也概莫能外。历史文化名城保护需要全面关注物质、非物质的各自特性，遵循自然、社会尤其是城市发展的客观规律，协调处理好历史文化"三态"的关系。其中，静态避免不了渐变，生态需要随机应变、正确引导或适当干预，动态则是历史文化名城衍进发展的必由之路。

---

① 见英国思想家约翰·拉斯金（John Ruskin）《建筑的七盏明灯》，1849年。
② 《史记》记载火烧秦宫室，是指咸阳秦宫，流传把只筑了大殿夯土台基的阿房宫也纳入了火烧范围。

2. 历史与文化的相互作用

从名城保护的角度，对于历史与文化的相互作用需要关注三个关系：静态与动态的关系、物质与非物质的关系、载体与功能的关系。

1）静态与动态的关系

历史是客观存在或曾经存在过的静态，已经发生，可以借鉴，但无法绝对原样传承，从运动的绝对性角度，"人不能两次跨进同一条河流"。

相对于历史的客观静态，文化是一种动态的主观认同，可以主动传承、被动影响、潜移默化地演进。儒家是历史，儒家文化传承至今不息，还在不断出现新的孔子学院；而对儒家文化的认识、认同乃至释义，历代都有很多区别。

因此，特定时间的历史是静态的，文化是历史的动态。

2）物质与非物质的关系

物质与非物质相互作用构成历史文化的整体。传统的保护概念中，历史多针对物质，文化多指非物质。但是，保护如果只针对物质，作为物质精髓的文化就有可能丢失；如果只针对文化，缺乏适宜物质载体的文化也很难具有相应的生命力和形象展现效果。因此保护历史文化应该物质和非物质并重，互为依托、相得益彰，重物轻非、物非相左都是片面的。

物质要素和非物质要素各有内涵，两类内涵不应分离、还需相应，以免产生历史文化的错乱。例如最基础的构成物体的几何要素类非物质文化如果得不到保护，物体的历史造型必定变形走样。如某座状元宅第门前有展现新中状元跨马游街历史的城市雕塑，状元身着官服，衙役们举着"肃静""回避"的古代官员出行开道牌。而这个雕塑所反映的历史文化却存在误解：跨马游街时的状元尚未封官，是披红挂花而不应着官服；跨马游街是颂扬读书、光宗耀祖，本就是广而告之的热闹场景，何需肃静、回避；状元尚非官员又何来"肃静""回避"。

3）载体与功能的关系

城市载体、建筑载体、书籍图片载体、社会口传载体，对历史文化的传承作用各有千秋。因此，不同的载体形式各有其适宜的功能领域和传承对象，需要各取所长、用其所宜；也可以多种载体形式承载和体现同一种功能。例如一条街道、一座建筑承载的历史文化，在一些书籍中也有记载，现代还有影像等多种表达形式，分别适应不同传承对象。

相对于载体物质的稳定性，载体存在期间的非物质功能则会有比较快的变化，包括量变、形变和质变。量变是一种正常存在，例如生产、服务、容纳的量的变化；形变往往源自生产方式、生活水平的改变，例如手工和机械的生产方式、贫富不等的生活水平；质变则是功能类型的改变，例如住宅变成商铺、工厂变成景点等。因此，应承认功能演变有其历史的合理性，同时也要认识到，功能改变就是载体原有的这种非物质文化的终结。

此外还有载体主权的改变，例如明宫清承、张宅李居、王店赵营等，都是历史文化演进的正常现象，属于载体相关历史要素的变化，不影响载体自身与功能的文化关系。

3. 历史文化的演进特点

静态截面的历史文化随着生态的变化在动态中积淀、淘汰，根据具体文化的特点并随着相关历史的规律得以传承、弘扬。物质文化（文、图也是一种物质）以遗存的方式留传，非物质文化以演进的方式传承。在文化的历史演进中有如下一些基本特点：

1）文化的历史成分有不同的比重

完全旧有的、物质类的文化多称为"原物""古董""古建筑"，非物质文化类的常称为"原生态"。完全新（从非物质文化角度基本不可能）出现的是历史的突变、历史的创造；变化成功的也将成为历史文化，甚至成为某种历史文化的起点；循脉衍进的，则是历史文化的主体和主流。

2）文化的内容构成有不同的来源

内容构成来源可以简约分为本地文化、异地文化、外来文化、创新文化。

本地文化是在当地的地理、气候等自然条件下，人类社会长期稳定的演进结果，是历史的正宗、主体，其表面特征和内涵特质之源就是一种城市特色。

异地文化多属同源、同质而异风，与本地文化各自分属于不同的，但多相近甚至相邻的空间地域，因为耳濡目染、交往交流、钦慕欣羡，产生相互影响而各有特色。一般情况是富裕地区、先进文化的影响较大；二者差距较大时，有可能使受影响地区的本地文化产生重大的，甚至根本性的改变。

外来文化多属异源、必定异质，多指空间地域相隔较远或不同民族、其他国家的文化。具有较强生命力的文化内容才能进入新的领域，一旦落地生根，就会给本地文化注入新鲜血液，甚至改变本地文化的发展轨迹。例如四千多年前的良渚稻作文化进入岭南地区、近两千年前东晋的"衣冠南渡"等，都极大地改变了文化引入地的发展演进历程。

创新文化指自觉地、主动地改变文化，改变成功的就创造了历史文化。外来文化能够落地生根、成长壮大，基本上都需要在融入本地文化过程中的创新。来源于古天竺的佛教发展成为中国佛教的历程和其间产生的大量成果，玄奘创立的法相宗东渡发展成为日本佛教，清末民初时期的钢筋混凝土仿传统木结构建筑等，都是文化创新方面的极好例证。

3）创新是历史文化演进的基本特点

从变化的表面现象看，创新似乎是飞来之物，但对变化寻根究源，也是承前启后、继往开来的产物，只是发生了突变。

因为文化的动态特性，纯正的文化往往难以持久不变地被传承，长久不变就成了文物、化石；社会日常生活的组成部分如果持久不变，就容易成为滞后或落后，当前的一些衰败的历史地区就是证明。流水不腐，户枢不蠹；逆水行舟，不进则退。不应把落后归咎于传统或历史文化，而应当立足于历史文化的静态特点，思考生态的衍化，开辟动态的演进发展路径。

源远流长的历史文化都是在不断演进中形成的，都有无限的演进和创新空间。保护好历史文化根脉的生命力才能保持传统文化繁荣昌盛。

4. 历史被选择传承

历史的传承客观存在着多种选择，包括自然的、人为的，人为的也有主动的或无意识的选择。

1）自然选择

古代中国早就认识到了自然选择的合理性和不可抗拒性，《诗经》中把这样的选择称为"天选"。

自然选择的"自然"与物质文化的全部相关，在材料的化学性能和结构的物理性能方面应选择好的，淘汰差的。同时自然也是非物质文化产生的基础，因此自然状态的明显变化，特别是重大灾害的发生，也会对非物质文化产生相应的影响。

自然规律是不可抗拒的，只能采取适当措施趋利避害，顺应自然，进行历史文化保护传承。

2）人为选择

相较于自然对历史文化的影响，人为的影响因素复杂得多。经济快速发展、社会观念变化、科学技术进步、生活水平提升等，在产生各种动态和创造的同时，也意味着历史文化的改变、演进和可能的退化、消失；变、失的内容和程度、速度，取决于动态的方式和程度、创造的类型和内涵。

因此可以通过改变或完善人类行为进行调节，人为的主动选择是历史文化保护传承的重点。

3）选择角度

人们对历史文化的选择可以从很多角度，常见的包括使用功能、纪念意义，历史作用、现代价值，发展资源、市场需求、交通条件，还有文化偏好、科技进步等，有时遗忘也是一种无意识的选择。

选择是人类的主观角度，从客观角度说，历史文化自身也存在竞争，多存在于面广量大的一般性历史文化领域，常见于现代效用和稀缺性方面。无论从什么角度，根本上就是在社会的发展前进中对历史文化价值的评价、比较和选择。

4）选择因素

因为众多角度的存在，进行历史文化保护传承就需要对一些问题作出选择，常见的普遍性问题例如：

①保什么

随着物质财富的增长和文明的进步，保护历史文化的社会意识在不断强化，近年来保护对象的生长、生存环境也被纳入了保护的视野。得益于国家的文化发展政策、历史文化保护专业领域的努力，历史文化保护对象范围、保护要素内容等总体上都在不断拓展和新增。时间的流逝、经济社会发展和文明的进步也难免伴随着一些历史文化的衰退或灭失，具体保护什么内容、哪些对象，需要依据现象、内涵等物质和非物质文化的意义价值进行选择。

②保多少

在仅以保护对象的生成时代作为考量标准的情况下选择比较容易，"应保尽保"是常用的原则口号，其实质很可能是"逢古就保"；一旦考虑保护对象的工程质量、保护成本、社会作用等因素，选择就比较复杂。"能保尽保"的原则口号逻辑上没有问题，复杂之处在于对如何才"能"的选择。如果局部地域或某个功能系列的历史文化遗存量大（通常是一般性传统民居），考虑现代功能需求、文化传承需要等因素，作出"保多少"的选择就可能需要慎重地具体研究。

③怎么保

首先是选择保护理念，由此而产生保护方式、保护路径、保护工艺等众多选择。

保护理念方面，传统理念例如原真保护与真实保护、现状保护与原状保护等。

保护方式方面，对空间的保护有全面保护与点、线、面保护，对建筑类遗存则有维修、整修、重修、重建等保护内涵和程度不等的多种传统方式（多是口语化概念，缺乏严谨的定义）。

技术路径方面，例如对考古、规划、设计、建造、装饰、家具布置等技术节点的选择和组织，其中的规划、设计和建造是当前的普遍常用路径。

建造工艺方面，主要包括营造技艺、建筑材料生产技艺及其时代性、地域性等选择，现代工艺、材料与保护传统的关系选择等。

④怎么用

包括始建功能的沿用、改用、新用。因为涉及历史文化载体的业主、使用方和管理责任方，使用会对生产、生活和交通等产生影响，同时还可能涉及载体的功能环境和城市网络，所以"怎么用"不只是考虑历史文化保护传承，还要考虑使用效益和相关网络环境等整体协调需求，以选择用其宜、得其利。

因此，名城历史文化保护的选择，需以对历史文化的全面理解和科学评估为基础，依据经济社会和技术的切实条件；从城市全局统筹保护与发展的关系，协调好公益与私益、相关方利益；比较、区别需要与可能、决策（包括技术、经济、行政）与偏好（念旧或求新）等，尊重相关人的利益和选择权。

二、历史文化名城的基本特点

保护理念必须适用于保护对象，要确定对于历史文化名城这样的主体适用什么保护理念，首先需要分析其基本特点。

1.名城内涵的基本特点

历史文化名城是城市，不只是历史文化遗存，其内涵有四个基本特点应予关注。

1）空间整体多层次

历史文化名城的内涵要素是现代城市整体中的一个层面，不仅仅是物质类遗存所占有的城市空间的一部分，包括城市、城区、历史城区、历史地段、建（构）筑物等不同空间层次①。对应于不同的空间尺度和均质性等特点，每个层次都有各自的保护内容、保护对象和保护要求、保护规则，分别涉及与内容和要求相关的不同学科和专业。

根据名城的空间多层次特点，在保护传承、利用演进的总体原则指导下，具体的保护理念也需有相应的层次区分，并分别主要适用于各自的相关行业、专业领域。

2）纵横系列网络性

纵向系列关系主要属于历史文化保护的技术特点方面，例如不同时代历史文化特点的关系、同一系列历史文化作用的关系等。相关保护理念如果不能正确、有效地保护纵向关系，只满足于古色古香的传统风貌，就不能真实地、立体地展现原本悠久深厚、时代各具特色的城市历史文化。

横向网络关系主要关乎城市的经济社会发展、交通市政基础设施两个方面，包括历史文化遗存与周边地带的相关功能联系、水平对比等关系，保护与发展尤其是与周边发展的关系。保护理念如果不能有利于良好地协调横向关系，历史文化价值就有可能受损，或者活力难以合理发挥，抑制历史文化对城市发展的资源作用，甚者就可能导致历史地区的滞后。

3）遗存多类多品质

名城的历史文化包括单一形态的物质类、非物质类文化，以及建（构）筑物本体构成的非物质文化，还有城市布局结构、轴线、廊道、轮廓线等由建（构）筑物、绿植和山川地貌等各种物质限定的非物质空间文化。只考虑物质文化或者非物质文化、适

---

① 这些层次对应名城命名"条件标准"的范围，按照名城保护规划的管理要求，还有行政概念的市域、现代的市域行政区划范围与名城历史文化的关系应予关注。

用于建筑类或非遗类等单一遗存形态的保护理念，不能涵盖名城内涵，也不符合名城制度立意的"物质的文化性"特点。

不同于文物保护单位的品质均好性，名城保护的建筑类遗存包括等级文物和一般性传统建筑，遗存的历史文化品格，特别是现状工程质量的多样化，不可能全部适用一种保护标准，而需要分类、分等选择，确定保护理念。如果不能明确具体遗存的意义作用，不能科学区分具体遗存的质量等级，概不认可历史文化的非物质形态与物质形态的相互转化关系，这样的保护理念难以适应名城的遗存品质多样性特点的客观需要。

4）保护目标需统筹

不同于历史城市中历史文化主体的绝对比重和地位，历史文化名城只是现代城市一个层面的基本特点，要求名城首先要做好历史文化整体保护、实现利用传承的自身目标，同时也需要统筹协调好横向网络关系，合理发挥其他多种作用。例如，作为可持续发展的一类特殊资源、城市发展战略的一条绿色路径、城市建设和更新的一种整合平台等。如果名城保护不能与城市发展统筹协调，二者则有可能相互掣肘、削足适履。

名城内涵的上述基本特点要求，名城保护理念应是一组集合体。其中，对应保护内容需要分层、分类，不同理念的适用条件和保护要点各有侧重，所有理念关于保护和发展的统筹协调必须方向一致。

2.名城价值的基本特点

1）历史文化价值

传统从保护的认识角度一般强调三种价值：历史价值、艺术价值、科学价值。此后陆陆续续时有增添或者分解细化，例如文化价值、环境价值、使用价值、经济价值、社会价值、观赏价值等，林林总总不下数十，可谓百家争鸣、百花齐放。这种现象总体上说明了历史文化价值具有丰富的内涵，同时也反映了其价值内涵的三个特性。

一是历史文化价值的作用的基础性。历史文化的保护传承首先取决于其所具有的利用价值，因此得到专门领域和相关方面的广泛关注。保护不宜只管对象物体、不看价值作用。

二是历史文化价值的多样性。即使在专门领域、专业人士之间，评价同一个历史文化对象价值的类型和大小，也经常仁者见仁、智者见智。需要理性、公平、系统地分析比较、统筹兼顾，可有轻重先后之序，不宜片面予取予求。

三是历史文化价值的复杂性。众多价值中的区别主要存在于不同要素之间，体现了关注角度的差异；也存在于相关领域之间，包含了利益立场的不同；还有价值评估中的程度、轻重、先后等判别，是角度、立场和专业观点的综合反映。

众多价值也有一些共性特点，应当关注分析，以利于对不同价值进行比较和选择。主要内容可以抽象分为两个客观因素和两个主观因素。

2）客观因素

客观因素包括时空关系因素和影响力因素。

①时空关系

时间是普遍性的根本因素。时间不可能静止，任何历史文化都是具体时间的产物，带有具体时间的特点。特定时间的具体文化不会永恒、历久弥稀，在其他条件相同的情况下，时间较久远的遗存保护价值更高。

空间是特定性的作用因素。即使是相同的遗存，在不同的空间位置中，也各有其相互关系和作用特点。空间相对稳定，任何历史文化都与特定空间范围相关，可移动文物的产生也有其特定空间。

因此，历史文化空间的真实性、生态性和时代特点应该作为价值的衡量因素。

②影响力

影响力主要体现在遗存的功能、品质和规模。影响力可以划分层次、等级，进行横向区分；对于影响力的血缘和差异、变异，可以梳理脉络系统，进行纵向区分。例如，精品与一般、正宗与分支、总部与分部、主体与辅助、日常与事件等，不同历史文化对象的影响力差别，正是其所具有价值的直接反映。

历史文化的系列完整性、地区稀缺性、特色影响力、作用的效益等，可以作为价值衡量的参照系。

3）主观因素

主观因素包括历史观因素和评价方法因素。

①历史观

历史观包括如何理解和对待历史文化，重视弘扬什么价值。历史文化内涵的作用丰富而复杂。例如引以自豪、值得颂扬、需要纪念，先进与警示、导向与批判、节点与过程，还有历史文化自身的经典性、独特性、稀缺性、差异性等。

因此对于具体历史文化要理性分析其意义和作用，既要有专业的眼力、开阔的视野，也要有古为今用的基本原则。不清楚意义作用而简单地见古作揖、逢旧则保不是尊重历史，而是历史的僵化，价值泛化是历史文化真实保护的真实障碍。

②评价方法

评价方法包括统计（记录）范围、作用比较和认识角度。

由于不同的生活阅历、专业领域，各自的责任、利益或偏好，对于历史文化的丰富多样及其复杂的内涵作用，人们多有各自的理解和价值取向。关键要素的齐全、作用效益的比较、相关理念的兼顾，有利于提高历史文化价值评估的客观性。

历史文化的价值既是一种客观存在，也是一种主观人为的认定；无论从什么角度、如何选择，保护的本质目的都应是为了人。分析评估历史文化价值，要物非兼顾、人物统筹、保用并重，基于历史、立足当代、瞻望未来。

三、遗存保护理念

遗存保护理念对名城保护工作的很多方面有着基础性的影响和作用。在社会政策方面，影响名城的保护和发展目标、保护策略等基本规定、规则；在经济技术政策方面，既影响历史文化保护目标、保护成本，也决定了保护方式、保护对策、保护技艺等基本规范、标准。

针对名城的整体性、层次性、发展性，遗存类别和品质的多样性等不同内涵特点，需要为各种各样具体遗存内容和对象的保护分别提供科学可行的方案，保护理念也不可能"一副药方应百病"。以下分别从六个方面对历史文化名城的遗存保护理念进行探讨。

1. 保护内容的一体性

任何历史文化遗存都是由物质和非物质构成的一个整体，按照其表现形式、被感知渠道和对其进行保护的方式等特点，通常被分为两种存在形态：物质、非物质，或者有形文化、无形文化。

物质本体形态的非物质要素，例如建（构）筑物及其构件的几何尺寸、营造技艺、风貌品格等，直接就是历史文化真实性的关键组成部分，"当其无"的功能也是文化的真实性反映，因此，非物质形态也可以理解为物质形态的一种存在方式。这两种形态的文化既相对独立，又相辅相成，就像人的肉体和品质、能力等一样，可以分别表述、单独考量，而且各有评价标准，但因其内涵关系而不可分割，保护不应顾此失彼。

与历史城市、文物保护单位等相比，"历史文化名城"的名称体现了物质与非物质内涵并重的精神，总体上拓宽了历史文化保护的视野，完善了对历史文化理解的全面性，在某些条件下提高了保护内容选择的灵活性，同时也带来了保护技艺的广泛性和保护理念的复杂性。

对历史文化的具体保护，有专业、行业、责任、义务之分，但都是历史文化保护工作的组成部分，需要相互兼顾、相互协调以相得益彰。当一种保护工作需要以物质保护为主时，不应忽视非物质对物质的内涵支持作用；需要以非物质为主时，也要合理利用物质对非物质的载体支撑作用。物质文化和非物质文化有机结合，对历史文化的保护就能全面、真实而不陷于僵化，活化利用而不失其正道。

2. 保护理念的层次性

名城的城区、历史城区、历史地段、建筑等各种空间层次体现了不同的空间尺度，不同尺度空间中的历史文化密集度、均质性各有特点，也有各自需要和适宜解决的问题，如果不存在区别就没有必要划分不同空间层次。因此，保护理念也需要区分层次，才能分别适用于相应空间层次的历史文化保护。

1）名城层次

名城与城区同体，在历史意义方面是城区的根脉，在现代功能属性方面是城区的一个层面；在物质遗存空间方面是城区的组成部分，通常是一小部分；在文化意义方面应当是城市的特色所在，或者是一种重要特色。

名城保护理念需要综合考虑城市的时代特点、地域特色、文化系列、现代功能等古今整体关系；应当具有系统观，突出城市的历史立体性、文化特色性、空间层次性，保护城市的传统根脉和优秀精华；同时也要坚持全局观、发展观，统筹兼顾城市功能系统协调、保护利用动态演进，使名城保护融入城市发展的大局。

2）历史城区层次

"历史城区"的划定一般考虑三个基本条件：一是现状仍然是城区，二是能够体现其城镇发展过程或某一发展时期风貌的历史范围清晰，三是格局和风貌保存较为完整、需要整体保护控制的区域。

在具体实践中，对第一个条件一般没有异议，第二个条件通过一定的考证分析也不难满足，第三个条件则因要求"较为完整""整体保护控制"而在实践中普遍存在争议。

这两个观念都没错，放在一起就复杂了。例如历史文化名城南京的总体格局，六朝时期的格局目前尚缺少完整的实证，清朝没有重要的新建活动，而在明朝初期南京作为京师，建都时统一筑城，城墙现已被定为世界文化遗产。城墙内面积40.55平方公里，在历史上城市空间范围最大、最为辉煌，营造时期的空间结构格局完整、清晰；建筑物现状遗存则主要集中在几片地区。如果把明城墙范围内作为历史城区，道路网络等历史的空间结构是完整的，但在数十平方公里范围内对空间结构的高度控制与现状和发展需求势难两全；以建筑集中遗存现状的几片范围，又无法反映历史城区的整体空间结构，且与世界遗产明城墙的空间范围也不相符。因此，相关管理要求应与遗存现状和发展需求统筹协调，才能形成既科学合理又切实可行的历史城区划定标准。

历史城区的保护理念宜关注第三个条件的严谨性和可行性，重点包括：历史城区完整性的明确内涵定义、整体控制的内容和原则要求。

"完整性"的要义在于对"历史城区"组成内容和条件的明确，而不仅在于现状遗存完整度的高低；只看现状遗存完整度而不管历史城区整体结构关系的只能称为片区，而不足以称为城区。如果只是把现状遗存集中地段明确为历史城区范围，那就失去了划定历史城区的整体意义。

"整体控制"的要旨在于控制内容与完整性现状内容的相适应，而不只是控制要求的宽严。如果控制内容和要求与遗存现状、城区整体发展需求不相适应，在实践中就很可能影响历史城区的正确划定。其结果不是放弃历史城区的"整体"，就是可能妨碍历史城区的整体利益。无论哪种结果，都不是设立"历史城区"的初衷。

"历史城区"的词义应是现状城区中历史上的城区范围，而历史城区中的现状遗存丰满度如同农田、家庭，也有沃瘠、贫富的差别。进行整体控制的保护理念，宜考量历史城区中历史文化的意义和现状分布的不均质性，根据遗存的具体情况，量体裁衣、有的放矢，分类、分级管理；同时应当遵循历史演进的客观规律，服务于名城全面发展的大局。

3）历史地段层次

按照相关规定，历史地段中，生活、生产、教育等传统功能类型较为集中的区域称为历史文化街区。历史地段保护的理念焦点在于以生活居住功能为主的历史文化街区。

生活居住是城市的主要功能之一，也是城市的基础功能；只有商贸、驻军等单一功能的，古代称为集市、镇。因此，名城制度把拥有能够反映城市生活居住历史风貌、有一定规模和数量的历史文化街区作为申报历史文化名城的刚性条件，逻辑上也就应当把生活居住作为街区保护的刚性内容。反之，如果历史文化街区可以没有生活居住功能，名城命名的条件标准就应当相应修改。

根据上述条件，历史文化街区保护的关键理念，首先应当适用于保护和传承传统的生活居住功能；只能在保留生活居住功能的基础上，为了生活居住的配套需要和街区整体的活化保护，部分改为其他功能。其他的生产、教育等类型的历史文化街区保护也应努力保护传承原有功能，只保建（构）筑物、放弃原功能的做法必然会丧失非物质历史文化。

这样的理念包括对物质性的历史物体、传统空间的保护，更重在生活居住的功能和水平等非物质文化的融入现代城市。像对文物建筑那样，只保护住宅建筑而将居住文化一概放弃的保护理念，不符合名城对于历史文化街区定义的要求；同时，像保护文物建筑那样，对历史文化街区的非文物建筑进行文物式保护的理念，也不可能适应保护生活居住功能的现代需要。

对于生产、教育等新纳入历史文化街区范围的建筑类型，对其功能等非物质文化的保护，应根据具体对象融入现代的必要性和可能性、可行性进行研究选择。

4）建筑物层次

建筑物可以分为四个层次，分别是等级文物建筑、近现代优秀建筑、历史建筑、其他一般性传统建筑。其中，近现代优秀建筑的保护因为在功能、技术、工程质量等方面没有明显的时代差距，保护理念比较简明，一般原物保护即可。

就物体的历史文化属性而言，历史建筑类似于文物；但对于历史建筑的非物质文化功能属性的保护利用，在一般文物建筑保护中则没有直接的明确要求。对物质文化和非物质文化的关注、对保护和利用的关注，这两个基本的不同点，决定了历史建筑与文物建筑在保护目标、保护要求、保护方式和保护标准等多方面的区别。

历史建筑的保护理念需要适应这些区别，保护目标首先是利用，包括沿用历史功能或改为现代功能；保护要求应当合理运用现代技术，整体水平融入现代城市；保护方式内外有别，建筑外部保护传承传统造型风貌，内部根据利用需要合理完善；保护标准在相关历史文化要素的基础上，还应包括经济、社会效益等。

以传统民居为主的一般性传统建筑的保护是名城保护的难点。这些建筑始建时期的社会和家庭结构、生活居住方式所产生的建筑平面关系，体现礼仪习俗的建筑群组形制，非机动交通方式等方面的历史条件，特别是遗存的现状工程质量，多已经全面不能适应现代社会的需求。现有保护理念无法解决传统民居保护与现代社会经济发展的综合需要，必须统筹保护与发展，创新对一般性传统建筑，特别是传统民居建筑的保护理念。

3. 建筑类遗存保护理念

传统的建筑类保护理念主要针对等级文物。本节对建筑类保护理念的探讨，其中"原真性与真实性"主要针对等级文物，包括所有建筑类遗存；其他内容仅限于非等级文物、建（构）筑物层面，并以建筑工程技术概念作为保护理念的基础。

1）原真性与真实性

因为建（构）筑物的多样性、工程质量的复杂性、历史文化的多源性，保护理念也需要因物因地、各有适宜。常用的基本原则理念总体上可以分为两类：原真性、真实性。对于建筑遗存的保护，如果不以相关工程技术标准的细致、严谨要求作为衡量基础，就不具备讨论是否"原真"或"真实"的必要条件。

前文已阐述，原真性保护理念来自于西方文化，立足于石材，重视或只适用于物质遗存保护，不看重也不适用于非物质文化保护；真实性保护理念，起源于东方文化，或者说中华文化，立足于木材，物质文化和非物质文化都是保护内容。

两种保护理念相比，原真性理念的优点是，对原物的物质遗存部分的保护概念更加符合"历史"的定义；真实性理念的优点是，对历史文化的保护可以更加全面、完整，适应保护内容的范围更广。反之则是两种理念各自的不足，所以适宜在各自优势的适用范围和条件下发挥作用。

在等级文物归属《中华人民共和国文物保护法》管辖的情况下，名城保护范畴的直接任务主要是非等级文物性质的各种建（构）筑物保护。

对于非等级文物建（构）筑物的保护，应当普遍适用真实性保护理念；对于具备原物保护条件的物质遗存，应尽可能采用原真性保护理念。应分别按照两种理念，明确各自适用的保护对象范围，确定相应的保护目标、保护方式，并从建筑工程技术层面规范实施的标准。

2）物质文化与非物质文化并重

按照历史文化名城制度的创新立意，应当对物质和非物质两种形态，即全面的历史文化统筹协调保护，而不只是保护物质遗存，忽视保护对象传承的非物质文化。按照"埏埴以为器，当其无，有室之用"①的传统文化观念，结合历史文化活化利用的目标和功能水平融入现代的要求，就是应当争取器用皆保，而不都是"买椟还珠"式的保器不保用。

对历史功能及其水平已经不适应现代社会的建筑物，放弃原功能文化而改为文旅、文创等其他功能，是只保护物质遗存的理念；保护建筑物的传统风貌并根据使用需要进行适应性更新或改造，以使其功能水平能够融入现代，是物质和非物质两种文化双保的理念。应当根据具体遗存的文化特点，因物制宜地选择，力争物非双保，保护传统建筑文化不应局限于"一游就灵"的理念。

3）"原样"应有科学证据

按照真实性保护的要求，需采集和保留应当保护的物质遗存的相关技术依据，获得能够科学证明"原样"的技术资料。建筑物外观和内部空间的照片、影像类资料，只能作为风貌层面的参考，而不足以作为真实性保护的充分基础依据。

从建筑工程科学角度，应当通过测绘、三维扫描等专业手段，获取建筑物及其各类构件的图形、数据等几何要素类和材质

---

① 见老子《道德经》。

类遗存信息，形成达到建筑施工设计深度要求的图纸；并通过规范可靠的技术措施，保护和利用相关传统营造技艺。

4）遗存质量评估应根据工程科学规则

对于非等级文物遗存的保护分类，需要按照结构力学、材料力学方面的基本规则，正确评估物质遗存的工程质量；并以此为基础，结合遗存的功能内容和历史意义，综合作出保留或拆除的判定。

例如在苏州某历史街区保护规划编制的现场勘察中，每个小组由城乡规划、建筑设计、房屋维修三个专业的人员作为基本构成。具体考察房屋承重结构，若柱体倾斜超过一定角度就定为拆除，因为柱子可以扶正，但梁柱衔接的榫卯如果变形则已经无法保证结构安全；承压受力的柱身若遭蛀蚀可以修补，但抗弯受力的梁、檩等遭蛀蚀就必须换件。这样的等级划分才能与保护施工的质量标准一致，保护中就不会出现被动违规拆房的行为。

5）按原样复建也是真实性保护

按照"真实性"的理念，对拆除复建的行为不应一概斥之为"拆真建假"，科学意义上的"原样"复建成果也不应该被贬为"假古董"。"原样"尽管不是原物，但在原物确实已经无法保护的情况下，这种方式能够最大限度地保留人们的物象记忆，并能够最好地保护原物的非物质文化。

当然，拆除后按原样复建绝不是物质遗存保护方式选择的优先项，只是不得已而为之的选择。如果历史文化保护都只能没有区别地参照文物的保护标准和做法，划分若干不同的保护类别和等级岂非多此一举。

拆除复建的保护理念有四个必须同时具备的前提条件：

一是原物主要结构已经衰朽，无法保护原物，或维修保护方式不能保障安全。

二是物体具有重要的历史文化意义，经科学论证需要复建；或者业主认为需要，自主选择复建。

三是拥有按照如前所述的科学可靠、足以支撑复建施工的详细原样资料。

四是采用原物的传统营造技艺。

其中，一、二两项同时具备是可以选择复建的前提，否则就不可以选择复建保护；三、四两项同时具备是可以进行复建保护的前提，否则就难以称之为"原样"或"真实性"保护。

如果把按原样拆除复建作为保护的合规方式和正常渠道，不但可以最广泛、最大限度地保护历史文化，还可以因其易形成稳定市场需求而有利于保护传统营造技艺的健康传承；进而培养、集聚传统营造专业人才队伍，改变质量不佳的物质遗存"不修是破旧、一修则走样"的尴尬局面。

如果认可复建保护，就需要制定老旧建筑的拆除和复建的具体技术标准和审核程序，确保拆必须拆除的、复建真实的。

一般情况下，复建可以作为保护方式的一种补充，但新复建的建筑不应立即纳入申报名城的历史文化资源范畴。整体重建的华沙城（其建筑物内部结构和设施是按照现代建筑技术进行的改建）1966 年建成，1980 年被定为世界文化遗产，只是一个特例。

6）必须保护时代特征和地域特色

中华文明源远流长、一体多元，中国传统建筑具有同样的特点，并以各个时代的不同特征、各个地域的自身特色，形象地展现了中国建筑历史文化的演进历程和丰富多彩。不能保护时代特征就难以显现历史的源远流长，不能保护地域特色就无法体现多元内涵。

如同"黄皮肤、黑眼睛"只是对于东方人的一种宏观文学性表述，"古色古香""传统风貌"之类的理念，不适合作为科学地进行建筑类历史文化保护的要求。对于建筑物质遗存，必须按照建筑工程技术规则，以毫米为计量单位，准确表达遗存对象所具有的时代特征和地域特色的真实性要素，并将其纳入保护的标准，才能支持真实保护立体的、丰富的建筑历史文化。

保护建筑类遗存，涉及工程技术、社会发展、经济政策等广泛的领域，需要重视相关专业、行业的共同参与，合理发挥各自的优势，形成保护历史文化的合力。其中，城乡规划专业对于与保护建筑相关的社会发展政策的研究制定、建筑设计专业对于建筑物质遗存的保护、相关行业和业主对于非物质文化的保护、相关部门和企业对于经济政策的策划和磋商等，都是必不可少，也不应错位的关键参与力量。

4. 建筑文脉保护理念——衍进性

文脉也有内容和形式，内容是文脉的组成，形式是文脉的组织，其主体属性都是非物质文化。动态性是非物质文化的基本特点，建筑文脉必定处于不断变化之中。

中华文明几千年延续传承、发扬光大，形成博大精深、悠久厚重、丰富多彩的中华文脉，能够持续创新衍进是其文化精髓和活力之源。传统建筑文脉是中华文明一体多元文脉的组成部分，是非常重要的显性、活力内容，应当在历史文化名城保护中得到切实的重视，促进城市历史文化更加辉煌地得以传承。

从原真性的角度，只关注原物的保护，不是原物就谈不上保护，演进更不属于保护的范畴；从真实性的角度，目前所普遍关注的本质仍然是原物，只是认同"原样"是"原物"的另一种存在形式，产生了变化就不是原样，不属于对原物的保护。因此，无论原真性理念还是真实性理念，都不会或还没有把"衍进"纳入"保护"的范畴。

如果从原物回溯到其根脉，根脉也需要，甚至更加需要保护，对其进行保护也有原真和真实的属性。其中，对"根"的保护以原真为主，对"脉"的保护则重在真实、正宗。

如果说，原真性是重在物质及其现状的保护理念，真实性是重在非物质和物体原状的保护理念，那么衍进性就是专门适用于文脉及其生长动态的保护理念。

历史文化名城保护中，对于非等级文物建筑类遗存保护的理念，考虑建筑文脉形成和衍进的一般规律，可以探讨以下四个观点：

1）衍进也是一种保护

从"脉"的角度，衍进也是保护。中国传统建筑中，有实物确证的，自汉朝以来两千年一脉相承；历朝历代的建筑形制不断演进、各有特点而未曾离脉，更没有中断、终止。当然，这也得益于中国封建社会的稳定和生产方式、生产技术没有产生工业革命类急剧变革的历史。

新时代的名城保护理念，不应是为几千年的中国传统建筑文化画上句号，而应当在保护传承的传统理念基础上，同时重视在现代社会和科学技术条件下顺根延脉地衍进，发扬光大中国传统建筑文化，形成建筑文化古根今脉的新时代名城特色。

2）衍进是城市发展中的一种天然性的保护方式

任何事物，包括城市都是在逐步衍进中发展的，中国传统建筑也随着经济社会、科学技术和建筑材料等相关方面的变化而不断演进。衍进不是心血来潮的突发奇想，而是因为生产发展、科学技术进步、生活水平提升或相关观念改变所引起的社会需求，通过设计的理念、方法和标准的创新而实现。

立足于建筑材料的衍进。例如以中山陵为典范的钢筋混凝土仿木结构建筑，利用当时的新型材料，保护、传承了中国式建筑的群体组织、造型风貌乃至细部特征等优秀的传统营造文化；并带动形成了富有时新特色的民国建筑风貌，成为今天名城保护的一种特色文化。

立足于功能水平的衍进。例如20世纪珠江三角洲的岭南建筑流派，植根于岭南山区的地形地貌、气候环境，传承岭南古典建筑的山水景观审美和乡土文脉；秉承世俗务实、开放创新、兼容和谐的传统岭南建筑文化精神，在遮阳、隔热、通风等方面运用现代科技手段解决亚热带地区建筑普遍存在的降温问题，使古典岭南建筑在现代经济社会条件下获得新的生命力，形成了岭南建筑新流派。

3）衍进不能脱离根脉

无关于根脉的成果属于引进，或者重植一根，对于传统文化没有保护作用；静止、衰退更会使传统文化中断甚至终结。例如希腊、罗马古典时代的文艺曾高度繁荣，但在中世纪衰败湮没，直到14世纪后才通过"文艺复兴"而再生。这种再生性的复兴就是西方古典文化根脉的衍进，但不是正常的衍进，而是衰败后的重生、复兴，这也正是西方的历史文化保护传统重视原真性理念的滥觞。

演进的成果就如同一棵树上结出的果实，虽然有大小、形状、颜色等区别，但根本的遗传信息使演进成果保持着传统的特性，同时能够获得旺盛的当代生命力。

4）传统民居重在文脉衍进保护

当前的历史文化名城保护工作，最需要重视，也无法回避的难题，就是传统民居的现代宜居保护。传统民居的现代宜居是历史文化保护工作"以人民为中心"的直接体现，是历史文化街区"在发展中保护，在保护中发展"的关键所在。

传统，以一统、统一为标志，以传承、传播为本质。传统之所以能够成为传统，不只是因为"统"，也不是因为某一种静态，关键在于能够"传"。

传承不是一成不变的传递，历史文化传统也不可能停留在某个特定时期的一种状态，而是必定会随着经济社会发展，在其根脉基础上不断创新演进，不离其道才能称为传统，活化传承才能成为传统。

传统民居就充分体现了这样的历史文化传统，自汉朝至民国，百姓住宅一直都是在传统建筑形制基础上不断演进的。新中国成立以来，以共同富裕为基本特点的社会主义新时代，人民的生活居住总体水平已非任何历史往昔可比；改革开放的成果应当惠及全体人民，也就不应该让历史文化街区居民的生活居住条件停留在旧时的水平。传统民居及其生活居住文化，或者演进，或则消亡，二者必居其一。

"一个国家真正的法律是那些根据人民的风俗、习惯、传统而形成，与人民的教育水平相一致并符合人民利益的法律"①。历史文化名城的社会性、发展性特点，要求对历史文化街区、传统民居建筑的保护必须重视居民利益；保护生活居住文脉，责无旁贷地传承优秀传统城市生活文化；朝向现代化可持续的生活居住的目标，义无反顾地不断衍进创新，保护文脉昌盛。

---

① 见曼努埃尔·桑托斯《拉丁美洲研究》，2023 年。

5.名城空间保护理念

除了"遗产城市""历史城市"等极少数条件特殊的城市，其他城市空间基本上都是处于动态发展中的，在城镇化以增量发展为主的阶段，动态变化往往更快、更大。因此，历史文化名城城市空间总体上具有动态演进、整体相关、网络联系等基本特性。

探讨名城空间保护理念，可以考虑以下三个问题。

1）名城空间内涵的基本类型

任何形式的城市空间都有明确的、可以认知的、有边界要素的一个特定范围；其空间组成要素都有物质和非物质等两种形态，其中物质的主要是边界要素，非物质的是空间要素。物质形态有过去和现代两种时态，非物质形态有传统和现代两种属性，由此可以把名城空间的内涵组成分为四种基本类型：

①过去的物质和传统的非物质；

②过去的物质和现代的非物质；

③现代的物质和传统的非物质；

④物质和非物质都是现代的。

从物质的角度，①和②两种类型属于保护范畴；从非物质的角度，③也属于保护范畴。

2）文化脉络是名城空间保护的根本内容

城市空间的内容，本质上都是非物质文化，但城市空间的形式，离不开限定空间边界的物质要素。因此城市空间不只是空间形态等单纯的设计要素，需要对内容和形式、物质和非物质之间的统筹协调。

形式和内容是不可分割的。非物质文化始终处于动态之中的特性，在一定条件下可能带动甚至要求某些物质要素的相应变化。城市空间的布局、结构、功能、边界等各种物质和非物质要素，都处于城市发展的动态之中。因此，城市空间保护的根本内容是文化脉络的传承。

例如天安门广场，原只是一块封闭的T形宫廷广场，1914年在改造旧都城中拆除了天安门前千步廊、瓮城等建筑，原本封闭的宫廷广场变成了现代意义的城市广场。1950年，因广场旗杆与天安门之间的距离不够将要通过的游行队伍的宽度，将华表和石狮移动了6米。1954年，拆除了中华门、长安左门和右门、衙署等建筑，在广场中建人民英雄纪念碑。1958年，为迎接国庆十周年，拆除了中华门、棋盘街及广场上的红墙，总面积达44公顷[①]。

虽然广场的皇家、人民的属性和空间形态早已是云泥之别，但其作为国家政治文化中心场所的地位没有变，中国传统文化特色和首都的城市历史文脉更加得到了时代的传承和弘扬。

同时应当关注，因为尺度的宏微观和主体内涵特点等方面的区别，城市空间文脉与建筑文脉在保护技术方面需要区分不同层次的要求。

3）整体相关，网络联系

局部的城市空间只是城市系统的一个单元，与周边或系统的其他部分紧密相关；除了美学性质的几何类空间要素，还有功能、风貌、效能、经济等多方面的要素应当统筹协调，主要有以下三类相关要素。

一是与城市空间直接相关的空间限定物体，重点在传统与现代的建筑体量和造型风貌等方面，有时因体量控制而会涉及建设

---

① 见百度百科"天安门广场"词条。

强度和经济效益等。在一般情况下，建（构）筑物的造型风貌比体量更重要，例如传统的宝塔与僧房、殿堂与辅房等，其体量相差甚大，但建筑的风貌协调、文化同脉。

二是与周边的系统功能相关，重点在功能活动适配方面，比较常见的例如历史空间的轴线、尺度与现代城市交通的网络和强度等关系的协调。

三是与交通、市政等网络的效能相关，包括网络的密度、等级和利用效率等。

6.保护条件理念

所有的保护理念都离不开适宜的条件，没有相适应的支撑条件，任何保护目标都只是一种理想，甚至空想。

名城保护规划编制在关于保护的原则理念中，比较传统、应用最多的是"应保尽保"，不时出现的是"能保尽保"。两个概念的字面似有积极、消极或实用之分，但对何为"应该"、如何"能够"都没有明确的定义，难以进行比选。笔者甚至在某个保护规划编制项目的多方案比选活动中，遇到过提出"能保尽保"方案中的保护对象多于要求"应保尽保"方案的案例。这些概念都只是表达了对保护的主观态度，但都不适合作为保护条件的理念。

因此，任何保护理念都需要以具备相应的条件为依据。以下简述对原真性、真实性、衍进性等保护理念的各自相应条件的探讨。

1）原真性保护的条件

在原真性保护理念中有两种主要观点，一种是保护原物的遗存现状，另一种是保护原物的完好原状，两者必须具备的前提条件有所区别。

原物遗存现状保护的两个前提条件是：

第一，建筑遗存的工程质量基本完好，可以原物保护。材料衰朽、结构变形等失去了安全性的遗存则无法保护原物。

第二，以原物的现状为保护目标，不追求原物的完美，或者说是接受、欣赏残缺美，典型如意大利对古罗马斗兽场的现状保护、我国西安对小雁塔塔顶的现状保护。

提出保护原物的原状有两种动因。一种是追求完美、不接受残缺美，属于美学文脉的影响。例如，我国老一辈文物专家主导的《曲阜宣言》，明确强调按原物的原状保护，反对修旧如旧。还有一种是因为相较于原状，残缺的现状实在难以得到普遍接受，尤其是面对当前记忆中的突变对比。典型如法国巴黎圣母院在2019年火灾中塔尖三分之二被烧毁后的修复，选择了按原物的原状保护。

原物的完好原状保护也有两个前提条件：

第一，能够知道其原状，有能够证明其原状的、完整翔实的档案，例如需要保护的遗存现状多已陈旧变色，而原色为何得有确凿或可靠的证据。

第二，拥有该遗存的传统建造工艺，如果传统已经失真或失传，就很难准确重现原状。例如，日本的传统建筑包括很多文物建筑的屋面都已改用机制工艺瓦，每块瓦都是尺寸一律、表面光洁、色泽相同，类似金属工艺。1987年笔者到奈良商谈该市新建中国传统建筑事宜时，当地专家对我们带去的传统手工工艺瓦赞不绝口，立即表示接受。

对照以上必须具备的条件，原真性理念主要适用于等级文物的保护。其中，原物现状保护完全对应原真性理念，原物原状保护实际上已经属于真实性理念范畴。

2）真实性保护的条件

真实性理念与原真性理念的本质性区别是原样与原物，对建筑类遗存的保护可以按原样重建。典型如日本的伊势神宫，按原样图纸和工艺每20年重建一次，是日本的国宝。

真实性不拘泥于原物，但十分重视原样，即物质本体所具有的几何类要素及其精确性、建造技艺等非物质内涵；同时也重视遗存的物质，可依据时期的多个阶段，包括原状与现状，因为原状和现状都是一种真实存在。

根据这些特点，真实性理念的支撑条件是：具有历史文化或遗存"原样"的科学证据资料。证明建筑历史文化的真实，必须按照建筑形成的科学规则，从建筑施工图深度和建造技艺角度满足"原样"的真实性要求。

因此，真实性理念可以适用于各种不同工程质量现状的具体遗存，包括拆除后复建；但必须具备真实保护的资料条件，科学严谨地按原样重建。没有施工图深度的原样资料和相应的传统建造技艺等条件，属于传统概念的"重建"就只是保留原建筑名称的单纯的建设行为，不符合真实性保护的原则。

3）衍进性保护的条件

如果把原真性、真实性保护理念的核心分别定义为"原物""原样"，那么就可以把衍进性保护理念的核心定义为"原脉"。

衍进性保护，在尊重历史传统、遵循文化脉络的前提下，有两个前提条件。首先是适用范围，只能用于一般性传统建筑的改建或仿建，不应用于复建，也不适用于原物维修，尤其不得用于等级文物。第二是文脉属性，不可以脱离当地建筑历史文化的传统脉络，离开了传统脉络就与保护文脉无关。

衍进性保护的自由度较大，重在创新与传统的协调。首先需要对传统脉络有正确的认识和理解，也包括遗存在名城中适宜的空间区位、在不同区位的作用的变化发展甚至衍进成分的比重等，难以进行规范或用统一标准进行衡量，因而也最不容易形成对保护方案的共识。采用这种保护理念，需要对城市空间统筹规划，对建筑设计能力也有较高的要求。

原真性、真实性、衍进性，三种理念各自适用于不同的保护条件，不应随意采用；三者源自保护内容的区别，而不是保护态度的优次和保护水平的高低。尤其不能以衍进性为由而降低真实性的要求，二者的适用对象、保护条件和评价标准都不属同一系列，没有可比性。

正确的保护条件理念，应以具体历史文化遗存的保护意义和作用为基础，把工程技术性内容作为选择保护原则和方式的刚性条件，把社会性内容作为明确保护目标和策略的主要条件，把经济性内容作为提出保护经济类政策建议的检验条件。

四、名城保护与文物保护、文化旅游的区别

在名城保护中，不恰当地套搬文物保护的理念和法则，以及保护历史文化的目的和渠道都只是发展文化旅游，是当前比较普遍存在的两种现象。这两种现象都有其合理的方面，也各有需要澄清的问题。

1. 名城保护与文物保护的区别

1）原始性与时代性

文物是静止的，其原始性非常关键，"文物的价值在于它的

存在。只有将文物完好地保存下来，它才有历史价值、艺术价值和科学价值可言。如果文物不存在了，那么它的价值也就彻底丧失了"①。

名城是动态的，保护名城既要重视原始性，还要重视时代性，处理好二者之间的协调关系。因为消失，需要保护；凡有保护，必伴消失；因为前进，可以回顾；没有前进，无所回顾。名城的历史文化需要保护，保护、利用、更新的导向、比重和标准多种多样；城市现代文明必将前行，进步的渠道和方式各有不同。

时代性与原始性的不同属性，决定了名城保护与文物保护在评价标准方面的本质区别。

2）单纯性与复杂性

文物保护主要是本体保护、节点式保护，在核心保护范围外划定建设控制地带，主要也是为了不影响文物本体和文物的历史环境。从职责角度，文物保护不考虑对文物以外的其他影响，一般也不会为了协调而改变文物，属于单纯的文化性保护。

名城保护既要保护历史文化遗存本体及其历史环境，同时也要统筹考虑不同历史文化遗存之间的关系、各种历史文化遗存与城市之间的空间关系。名城保护除了类似于文物的节点式保护、本体保护，还有源流保护、网络保护等方式；在此基础上，还必须统筹历史文化保护与城市现代发展、与民生的关系等，进行综合保护。因此，名城保护与文物保护中的相关性、复杂性都没有可比性。

---

① 《曲阜宣言》于2005年10月30日发布，由罗哲文、谢辰生、杜仙洲、郑孝燮等29位专家署名。

3）标志性与演变性

所有的保护都是为了利用，但利用的内容和方式各有不同。对等级文物和非等级文物的保护的区别，除了二者的历史文化意义和遗存品质等历史文化本身要素以外，主要就是利用的内容和方式不同。

因为重视原始性，文物保护主要是对建筑物质遗存的保护；建筑使用功能的不断变化演进，不符合文物的定义，而只是一种文化。例如，对于一座宗教建筑而言，文物仅指这座建筑，或可能包括其中的雕塑、绘画作品等；其中的宗教活动不是文物本体内容，但属于文物建筑的文化标志，若改作其他功能就不能仍然称之为宗教建筑，而只是原宗教建筑。

名城保护不但应重视原始性，同时也必须重视时代性，建筑物的功能、其中的使用活动等不可能脱离时代，否则就有被历史彻底淘汰的危险。典型的例如历史文化街区、历史建筑、传统民居等，无论物质还是非物质，两类历史文化都必须融入现代才能获得活力，重新发挥作用。这种活力和作用也都必须以历史文化为根基，否则就不是保护而是破坏历史文化。因此与文物保护相比，名城保护还需要重视解决对历史遗存的功能等非物质文化的动态保护问题。

2. 历史文化利用与文化旅游的区别

历史文化利用和文化旅游都强调文化，都有丰富的文化属性，从名城保护的角度，这两者之间有五个方面的区别应予关注。

1）属性和目的区别

名城保护是综合性的，首要目的和任务是保护历史文化，同时利用历史文化资源促进社会经济的全面发展，包括利用具备相应条件的历史文化资源合理发展文化旅游。传承、弘扬是保护历史文化的初心，利用是保护的自然结果。文化旅游是历史文化保护的重要目的之一，但不是主要或首要目的，更不是唯一目的。历史文化保护可以用于文旅，但不应把历史文化的保护思维局限在眼前时段、封闭在某个领域。

文化旅游是专业领域性的，首要任务是促进旅游产业的发展，涉及社会经济的某些领域。在历史文化方面，充分利用历史文化资源发展文旅产业是文化旅游的社会功能，在文旅活动中保护相关历史文化是其必须履行的法定义务，但不是文旅领域的工作职责。

2）目标和关系区别

名城保护的目标首先是在保护历史文化，从保护历史文化开始，在保护好的前提下，合理利用、活化传承。文化旅游的目标主要聚焦于旅游产业发展方面，从利用历史文化开始，经济效益是其主要目标，利用和活化是促进目标实现的渠道、手段和客观结果。

在与建筑类历史文化的关系方面，保护对象是"器"、是"有"，利用内容主要是其"无"；保护效果看存在，利用结果看效益。这些区别都适宜在历史文化的保护和利用中予以关注，以便取长补短地制定相应的对策措施。

3）价值内涵区别

名城保护的价值直接体现在历史、艺术、科学、使用和社会领域等方面；文化旅游的价值则主要是企业、产业的效益、效率和经济领域。两者的价值主要取向不同，但有相通之处，道不同处不相为谋，道相通处相互兼顾。

4）历史文化真实性与地域特色差异性

名城必须保护真实的历史文化，既重视历史文化的真实性保护，同时也重视地域特色差异性的保护。

文化旅游利用历史文化，横向延展、纵向演绎是常见的现象；十分重视地域特色差异性的利用，不太重视历史文化的真实。例如一些神话和传说是逢客必讲的故事，而相关史实却经常被束之高阁，当然这也因为旅游的目的是欣赏而不是学习。

这个区别对历史文化名城保护有两点提示：

其一，差异性中有各种客观存在的差异，也有主动创造的差异。事实上，建筑类地域特色的差异基本都离不开历史上的主动创造，遗存下来成为今天名城保护的客观差异。名城保护真实的客观差异，文化旅游则适度包括主观、主动差异；没有真实则无根基，没有差异则无特色。

其二，名城保护领域没有，也不需要有文旅行业那么多随时随地出现在历史文化遗存点讲故事的导游，但适宜采用说明标牌、音像等多种方式，恰当地用于不同历史文化及其遗存环境，讲好真实的、科学的历史文化故事。

5）专业性与群众性

以上四个方面的区别产生了专业性与群众性方面的特点差异，名城保护的专业科学性更强，文化旅游的群众社会性更广。

对于历史文化，名城保护首先需要专业、严谨，在此基础上营造愉悦的欣赏环境、静逸的学研条件；文化旅游以营造愉悦的欣赏环境为主要专业内容。名城保护应当起到对于历史文化和相关科学的社会引领作用，并重视采用方便普及的方式；旅游的"食住行游购娱"六字诀主要就是直接为游赏、休憩服务，名城保护可以结合利用旅游的社会性、群众性优势，重视提高社会的科学文明素质。

五、保护的相对性

事物的相对性普遍存在，名城保护也不例外。人们经常遇见的、属于历史文化保护基本概念的例如以下三个相对，都需要理性地分析、恰当地区别对待。

1. 古与今相对

历史的物质历经岁月沧桑而成为今天的现状；关于过去的描述、留存的图片和照片等，是当时人们的记载，其实质上已经转化为当代人的记忆。保护的内容本质上都是当代人的记忆，而正确的记忆必须以真实、准确的保护为基础，能够区别营造工艺和古今文化特点的科学保护是实现记忆传递、古今传承的关键。

时间不断流逝，现在也必然成为将来的历史。名城保护中的古今关系把握，应当尊古不泥古、衍进不离脉，宜类似于文化的"凝结在物质之中又游离于物质之外"。

2. 异与同相对

归类因同，分类明异；规则求同，特色在异；宏观似同，微观必异。没有"同"就没有类别，难以达到科学境界；没有"异"就没有特点，不符合历史文化的规律和客观现实。异与同的相对关系是物质类历史文化保护中最难把握好的问题之一，也是非常需要解决好的关系。

首先是保护对象内涵方面，有功能系列、等级类别、建筑形制、建造时期、所在地域、营造行帮等异同；其次是保护对象现状方面，有质量、品格、风貌等异同；还有各级、各类保护规则方面的异同等。面对诸多方面、不同性质、各具影响的异同，科学划分规则的适用范围、合理地求同存异，才能全面兼顾历史文化的共同点和具体对象的特点。

3. 保护与更新相对

保护就是一种更新，主要体现在物质性缺陷的恢复出新；更新也可以是一种保护，主要体现在非物质文化的保护演进。如果物质和非物质都是新的，则不属于保护范畴。

从保护的功能作用看，今天的物质类遗存在其历程中从来就伴随有保护，尤其是砖木结构的文物，如果没有日常的保护就不可能历经千百年沧桑而至今风采依旧。只不过历史上的传统保护行为多是出于当时业主使用或延长使用寿命的需要，而不是出于"保护历史文化"的目的。但是"自然而非刻意的""日常而非专门的""维护而非抢救的"保护方式，却正是文化健康演进形成历史、全民参与各负其责的保护历史文化的正道，也是对文化传统的自爱、自珍、自信。

六探保护要点

丰富多彩的历史文化名城各有特色和保护要点。现从共性角度，对名城保护内涵、存在形式分类、名城特色评价和基础概念四个方面的要点进行探讨。

一、名城保护内涵关系理解

按照"要素全囊括"的精神，在历史文化名城中，除了已经命名的文物古迹和常规的建筑类遗存，其他如市政、交通、环卫、生产等城市不可或缺的各类设施，特别是与"最""唯一"等代表性、稀缺性相关的遗存要素，都集中反映着城市某个领域的一种历史文化状况，这些都有可能成为名城保护的内容，名城保护的内涵范围将持续扩展。

有存在才有保护，存在是保护的前提本体；有用处才要保护，用处是保护的原初动机。因此，"要素全囊括"必然进一步要求做到"要素全利用"。考虑有效保护、合理利用名城历史文化，以下三个关系应予关注。

1. 内容与对象的关系

内容相对宏观，如某段历史、某种文化等，多宜对应于历史文化意义和作用的阐述。对象是具体的，其作用和影响力需要客观分析，以作为对其保护的目标依据。把具体对象混同于该类内容则容易引起历史文化意义作用的泛化。

例如众多的名人及其故居属于内容，具体的对象则需要进行层次和类型等区分。名人可分为世界级、国家级或地区、城市甚或地段等不同范围，其影响力空间相差甚巨；名人故居也有祖居、出生地、产权所属之别，还有成长、生活、旅居等不同内容和时间的长短。类型和层次分析清楚了，才能根据对象的具体情况选择恰当的保护内容和方法。

有的城市把曾经旅行去过一两次，或者祖籍在此但不清楚其哪一代祖先已经外迁的名人都概称为本城"诞生"的某某杰出人士，有的甚至举不出任何形式的该名人曾经来过的历史证据。这样的做法对于名城保护是不严谨的，也不是对城市历史文化负责的行为。

2. 历史与现状的关系

具体对象有其历史的生成条件和生存环境，追根溯源才能有利于充分体现其历史文化价值、发挥系统性作用；对于具体对象单纯就事论事的保护，只是表层形象化，有可能失去其历史文化意义的本原、特质。

例如某名城一处已经废弃的城市污水处理设施，无论是原初形象、技术水平还是遗存现状，几乎没人觉得其有什么保护价值。然而调查考证发现，这是我国现存最早的城市污水处理设施，能够反映城市在现代意义上最早的环境保护观念，也是当时这方面技术经济水平的历史证据。得出了这样的意义结论，其保护的目标、标准乃至投入就有了科学合理的依据。

3. 价值与作用的关系

历史文化有很多价值，例如保护领域通常强调的历史、艺术和科学价值，还有利用、经济、社会价值等。这些都是对于历史文化整体存在价值的抽象评价，对于具体遗存的价值应当采用具体评价的方法。

评价具体遗存的历史文化价值，既不应局限于物质，尤其不要只看到破旧现状的经济价值，导致影响保护必要性的评价；也不应随意攀附历史文化的整体价值，导致影响保护可行性的评价。应当根据具体遗存价值内涵的相关客观条件，对其具有哪些方面的价值和多大价值，实事求是地进行评价。

例如在上海现存较多的石库门建筑，作为发端于太平天国时期的一种居住建筑类型，有一定的历史和艺术价值。而毫无疑问，其中没有哪一座建筑的历史意义、价值能与黄浦区兴业路76号石库门建筑相比，因为那是中国共产党第一次全国代表大会的主会址。在这种情况下，具有主要意义的历史文化已从一般的物质形态改变为特殊的非物质形态，历史价值非其他任何价值可比，室内陈设的历史文化意义也远超建筑外部造型的意义。

一种价值可以有不同用处、多种用法，因此历史文化的作用领域比价值领域更多。价值具有客观性，是作用的基础，不应随意进行领域的增减或大小的伸缩；作用具有主观能动性，巧妙的构思能使普通的材料成为著名建筑，因此其价值能否充分发挥取决于如何利用。

"是金子总会发光的"是安慰处于困塞之身的激励话语，对于评价建筑类遗存保护就不那么适用。发光只是人的视觉神经系统对金子表面特性的一种感知，而金子作为货币或材料，通过各种不同的方法用于适宜处，才能够发挥更多、更大的作用。否则徒然发光只能耀眼，就像本应日常使用的建筑只被用来观赏、摄影、拍照，其所具有的价值作用也就不能充分发挥。

价值只是一种属性、一个源点，用在何处、作何用途、效用如何，妥善处理好这三个"何"，是历史文化价值作用能否正确和充分发挥的要点所在。

二、建筑类遗存保护要点

历史文化的存在形式丰富多样，总体上可分为两个层次。一是历史文化本体的整体存在形式，例如名城、建筑等；二是本体内涵的单项要素存在形式，主要指组成名城、建（构）筑物整体的各种相关要素。"即以一个具体的人而论，他有物理、化学、生理、心理等等各方面的现象，而各方面的现象事实上没有分开来。但我们不能因为在具体的世界里，各种现象有它们的关联，我们就不应该把它们区别为各种不同的学问的对象。物理现象与化学现象可以混在一起，而物理学与化学仍应分家"[①]。

对历史文化进行专业性保护就需要分类，以便加强保护的针对性、准确性和全面性。例如有学者把历史文化原真性的维度分为 32 种，详见下表。

现以物质遗存为主，整合历史文化存在形式的整体和单项两个层次，提出以下四种分类。

---

① 金岳霖 . 逻辑 [M]. 北京：北京理工大学出版社，2017.

原真性的维度

位置与环境	形式与设计	用途与功能	本质特性
场所	空间规划	用途	艺术表达
环境	设计	使用者	价值
场所感	材质	联系	精神
生境	工艺	因时而变的用途	感性影响
地形与景致	建筑技术	空间布局	宗教背景
周边环境	工程	使用影响	历史联系
生活要素	地层学	因地制宜的用途	声音、气味、味道
对场所的依赖程度	与其他项目或遗产地的联系	历史用途	创造性过程

来源：张松.历史城市保护学导论[M].3版.上海：同济大学出版社，2022.

1. 建筑形制分类

建筑形制是"形式"，建筑功能是其"内容"，在传统建筑文化中通常将二者归并命名分类，一概都是以建筑名称同时表达了建筑的形制和功能的类型，可以说这也是一种"名副其实"的传统文化。例如，行政建筑类，包括皇家的宫殿、地方和部门的衙署；祭祀建筑类，包括祭自然的坛、祀人神的庙；宗教建筑类，包括佛教中的寺、庵，道教的观，基督教的堂；居住建筑类，包括百姓的宅、富贵人家的第、高级官员的邸、有爵位者的府等。

传统建筑分类的依据首先是功能分类，形制跟随功能，用现代建筑设计语言说就是"形式服从功能"。各类功能及其等级，分别都有自己适用的或按照传统社会的相关规定所能够采用的建筑形制，及其空间布局、装饰布置、纹饰内容等设计规则。类似于古代达官贵人和百姓的服饰[①]，有文武、官民和贫富等不同系列

---

① 历代"舆服制"中对此都有比对建筑物更多、更详细的规定。

和等级的区别。

古代的设计规则或习俗中也有不得、不宜等区分，类似于现代标准、规范中的强制性、引导性。封建社会的礼仪等级就是古代的强制性标准，很多建筑的类型和名称直接就是礼仪或等级的体现；礼仪中轴线必须遵循一定的秩序，在山区等建筑用地纵深不足的条件下，一条完整的中轴线可以分为并列的几段，但沿轴线内容的前后顺序、左右相关等基本关系不会被打乱，住宅、衙署、寺庙等进落式建筑群皆是如此。某地维修一座宗祠时，主入口门厅因为遗存的工程质量很差而拆除重建，但考虑外部环境的某种协调而将重建的门厅横移了几米，这就违反了传统礼仪的强制性习俗。

现代规划和设计的依据主要是科学技术类，古代营造的依据主要是礼仪制度、乡风民俗类。当然，现代科学依据包括了方便家庭和社会的生活习俗，古代礼仪风俗也不可能完全脱离工程技术，但各自侧重的内容、特点及其表达方式多有不同，包括一些价值取向和营造、设计语言。因此，古今设计语言的分类和相关性特别重要。

从事历史文化保护，不但要知其然，还要知其所以然。首先需要知道、理解保护对象的历史文化语言，尤其对于各种保护对象，要注意区别不同功能类型的历史文化特点和不同建筑类型的形制营造规则，语言不通就很难正确地交流。

现代保护中常因遗存品质与原有功能不适应、市场条件改变、生活水平提升或生产技术进步等多种原因而改变其用途。因为传统遗存主体的功能和形式是统一的，保护和利用、传承既要考虑融入城市现代运行的需要，也应当尽可能兼顾遗存形式的传统功能特点。

2. 建造时间分期

特定时期的建造材料、习俗风尚、营造技艺、经济社会背景等各有其不同特点。例如西方的历史建筑风貌有古希腊、古罗马、文艺复兴、巴洛克、洛可可、工业革命、现代建筑等各个不同历史阶段的时代特点。

因为中国封建社会比较独特的整体性和延续性，中国传统建筑风貌总体上是一脉相承的渐进演变，但其中很多重要特点也有明确的时代区分。进行历史文化建筑遗存的专业性保护，必须进行建造时代分期，以区别各个历史时期的建筑特点，否则就不能正确地、真实地保护不同时期的建筑历史文化信息。

按照现存中国传统地面建筑的总体状况，历史特点的时代分期及其主要参考依据，一般可分为：

唐代及以前，地面建筑遗存不多，以实物为证，汉代的阙和冥器、画像砖中的一些图像，南北朝的塔和石窟、壁画等亦可选择作为造型结构性参考。

宋代以来的建筑类遗存逐渐增多。但元代因时间较短，且经济社会和文化发展缓慢，建设相对较少，建筑质量和风貌也较粗犷；重要建筑物在元末明初拆毁较多，现有建筑遗存较为稀少。明代以前的建筑遗存一般都已被列为等级文物，名城保护建筑遗存的主体部分一般都是清代和民国建筑，历代的经典建筑、精华特点都可作为时代分期的实证依据要点。

对宋以来的建筑时代分期可以关注以下总体特点：

宋代建筑，以《营造法式》为基本规则；元、明两代至清代初期，基本承袭宋代做法而木结构的料径渐小。明初以后砖材开始普及，砖墙的使用尤其是山墙的改变，对建筑形制、砖木混合结构、斗栱尺度和造型风貌等方面产生了全面、显著的影响。

清中期后的建筑，以雍正年间颁布《工部工程做法则例》为时代特点分野；总体特点是传统曲线的曲度变小，斗栱等传统结构部品装饰化，纹饰华丽而繁复乃至琐碎。

清晚期后，随着钢材和混凝土成为建造材料，这些新型材料的力学基本特点使建筑风貌开始向现代演变；一些地区，尤其是西方列强侵入地区的建筑明显地受到西方古典柱式建筑风貌的影响。

以南京中山陵、广州中山堂等关于孙中山先生的纪念设施的建造为标志，利用钢筋混凝土等新型材料的中国传统式现代建筑进入独具特色的成熟期。

如果不考虑或者不清楚遗存对象的历史时期特点，就很可能在保护中变成"古色古香"，而丧失其历史真实性。

3. 文化地域分类

中国幅员辽阔且纬度跨度大，自然气候、地理地貌具有一般国家无法比拟的丰富多样性，在古代生产力水平条件下，形成和影响了农耕、渔业、游牧等各种传统生产方式与生活习俗。建筑物是基本的生产、生活的资料和条件，当然也会受到上述影响，同时由于交通方式和能力等历史条件，形成了建筑文化的不同地域特色。以下四类重要影响因素，可以作为对建筑文化地域特色分类的基本依据。

1）地理、气候

中国地理自然形成三大阶梯状分布的特点，随着阶梯海拔高度差异而出现气候条件、植被种类等的不同，以及由此而产生的主要建造材料品类的差异。因此，地理和气候是形成传统建筑文化地域特色的根本因素。

分布在青藏高原及其附近的阶梯第一级地区，平均海拔在4000米以上；阶梯第二级构成主要高原生活地带，包括内蒙古高原、黄土高原、云贵高原等，平均海拔为1~2千米；阶梯第三级主要分布在长江中下游、珠江三角洲、华北平原等地带，平均海拔500米以下。不同海拔高度的气候、适生植物种类和地形地貌等自然影响因素，以及交通运输条件的差异，直接决定了建筑物的安全、保温、通风等基本功能的需求特点和主要建筑材料的类型、建筑物底色。

三大阶梯分布的特点，使我国大多数河流的主要流向为自西往东；阶梯之间以各种道路形成联系，如著名的"太行八陉"①，即晋、冀、豫三省之间古代翻山越岭的咽喉通道。这些阶梯和主要山川是总体划分不同地域特色的地理分界，其中的水陆道路交通网络是地域特色之间的纽带，也是传统建筑文化不同地域特色的交汇、交融和过渡地带。在这张地理、气候的地域特色网络中，各地的滨海、河湖、丘陵、森林等不同地貌特点，又催生出下层次更具细节的地域特色。

2）民族、宗族

民族是在共同的空间地域、共同的经济生活中，形成共同文化心理和习俗的人的共同体；其所在地域的地理自然条件和共同的主要生产方式、生活习俗、心理特点和信仰崇尚等，都是形成建筑文化地域特色的沃土。在交通运输不便、交流不多的古代条件下，民族建筑特色尤其鲜明，例如藏族的碉楼、白族的四合五天井、维吾尔族的阿以旺；有的建筑风格类似，但各族不同，例

---

① 指军都陉、蒲阴陉、飞狐陉、井陉、滏口陉、白陉、太行陉、轵关陉。

如蒙古族的蒙古包和哈萨克族的毡房等。

相对于民族文化对建筑文化比较全面的影响，宗族文化则是主要影响建筑群体的组织方式、建筑物的内部布置和装饰。

宗族聚居的规模和结构对建筑群的规模和秩序、巷弄脉络产生直接的影响。一个大的宗族的进落式建筑群往往由十几座建筑组成，有的多达数百甚至逾千间；一些造型特别的建筑形制，如土楼、长屋、厝等，一般都是由特定宗族的聚居文化习俗而产生的居住建筑特殊类型。

不同宗族之间的信仰、习俗等诸多要素存在区别，具体主要体现在室内空间布局和布置，以及祭祀对象、匾额对联、纹饰题材等室内外装修方面。同一个民族中的不同宗族，各有本宗敬奉的始祖；敬奉同一个始祖的宗族内，不同支脉还有各自敬奉的先祖；敬奉的方式甚至方位也各有差异。

主要生活地域的自然地理条件区别，宗族的重要历程、从业领域和方式特点及作出过特殊贡献的杰出先人等，都可能在该宗族的建筑，特别是重要建筑物中留下独特的印记。例如福建客家土楼的住户，基本都是唐代以后，特别是南宋后中原地区南迁的汉族后裔，永定土楼中供奉观音，南靖土楼中则供奉妈祖。

3）主要建筑行帮

任何建筑及其规划设计理念都必须通过具体建造行为才能实现。由于古代的标准化方式和水平，以及师徒传带等历史文化特点，不同的营造行帮在发展过程中都形成了本帮的规则或"窍门"；即使是相同的建筑形制和设计理念、相同的建造材料，不同行帮的营造技艺一般也带有各自的特色。因此，在该地域中从事建造活动的主要建筑行帮的营造技艺，是传统建筑地域特色直接的基础构成部分。

历史上建筑行帮对建筑地域特色的直接影响，一般都是富裕地区影响发展滞后地区。兴旺的经济生产、人口和人才集聚带来广泛的营造需求，良好的经济条件使营造标准能够精益求精、美轮美奂，这些都提供了优越的、其他地区不易拥有的营造技艺实践机会，需求与服务形成良性循环，然后产生先进的营造技术外溢。例如明清两代的徽商在环太湖和苏杭一带经营发展，成功者基本都留居当地城市，会带当地的建筑匠师回乡修建宗祠和留乡家庭成员的住宅，同时也把先进的营造技艺带回家乡，并结合当地的地貌、气候和建筑材料等条件形成新的地域特色。浙江东阳的古代方志中就有徽州延请东阳匠人前往营建的记载。

因为行帮技艺脉络不对而造成地域特色错乱的现象，在已经完成的保护成果中并不鲜见。例如某处历史街区一条南北向街道的保护实施中，把街道的东、西两侧分别作为一个独立项目，并由分别来自两个其他名城的施工队伍承建。其结果可以想见，沿街两侧的建筑分别被保护修缮成了建筑施工队伍所在名城的传统建筑风貌，而原来的本地传统建筑特点荡然无存。

事实证明，在建筑类历史文化的保护中，对建筑行帮特点与传统地域特色的脉络关系应予关注，必须遵照传统建筑文脉特点选择保护施工技术力量，否则建筑文化地域特色将可能在保护中受到根本性的负面影响，甚至不复存在。

4）行政管理

因为有历代"舆服制"、宋代《营造法式》、清代《工部工程做法则例》等国家级的规定、规范，中国传统建筑文化主体、主流的统一性和持续性得到了基本保障，当然这也是作出规定、规范的本旨。事物都有两个方面，历史上朝廷的行政范围，特别是行政效能的区别范围，反而促成了这些规定以外的地域特色。

这个方面的一般规律有两点：

一是规则在同期的行政范围内执行，范围以外根据文化关系特点，自由参考借鉴，在可以相融处、得到崇尚处，借鉴影响较为普遍。因此，对于同一个标准，不同行政范围施行的时期有先后区别，标准的制定地域通常先行，引进地域往往延后。现状遗存中相同的建筑形制，西南地区遗存的实际建造时期一般多晚于东部地区，即体现了地域发展先后的历史。

二是行政效能强的地域执行较好，效能相对较差的地域往往自由发挥。最为典型的是体现封建礼仪等级的"舆服制"，在行政范围内的山区、水网等交通不便的地域，私人营造的住宅，尤其是装饰等级、饰纹题材等要素往往"逾制"；因为"天高皇帝远"，有些皇家专用的题材和做法也常有变通使用，"逾制"的形象效果往往成为这些地区传统建筑的一种特色。

4. 空间特性分类

按照建筑类历史文化现代保护技术的空间类组成，可以把传统建筑的空间视觉效果特性归纳为以下五类要素。

1）点

点主要指建筑物单体，根据规划、设计、施工等不同技术层次，也可以是建筑群、建筑单元、建筑部品、建筑构件等。对不同层次"点"的空间特性的保护，各有应当关注的重点，例如建筑群体的组织关系、单体的造型特点、单元的完整程度、部品的构造特征、装饰的独特题材和特色工艺等。

2）线

中国传统营造的舆服制度明确不限群体的总量规模，现代称为"单位"或一户的传统建筑，基本都以进落式的群体为主。总平面规模相差甚大，小的一进一院，多为二到五进，苏州现存住宅规模最大的有五路九进，扬州现存的清代某盐商住宅甚至有十六进之多。

这些建筑群体的各种组织关系中，有三类线需要关注：实体线、功能线、理念线。实体线如遗存的空间分布线、沿街立面线、建筑平面或剖面的轮廓线等；功能线如交通线、服务线、防护线等；理念线如各种轴线、方位朝向线、礼仪关系线等。

三类线都是建筑历史文化的有机组成部分，其中，实体线因为可视，在保护中最容易受到重视；功能线可感而实用，通常会随着实体线而得到相应的保护；理念线中，各种轴线和方位朝向线与现代的设计和审美概念基本相通乃至相同，一般不会成为保护中的难题。

比较困难的是礼仪关系线的保护。因其历史与现代理念有不小的差别，体现封建等级的礼仪甚至已经被扬弃，关于是否保护、在什么情况下保护以及如何保护的问题，对那些在古代严格讲究礼仪规范的建筑群进行保护时，往往需要认真、慎重地研究。

3）面

现代设计通常关注五个立面，即建筑物的前后左右四个立面和屋顶——时髦称为"第五立面"，其中屋顶的形制在传统营造中基本是由"舆服制"规定。当然这个制度本身也是考虑了屋顶的庄严性特点，并通过类型等级的形式作出统一规定，但肯定不是直接出于尺度、构图等现代设计的理念。

传统屋顶的基本类型等级中，最高等级是重檐庑殿顶，仅太和殿这种皇家的最高等级建筑可以使用，其他如庑殿、重檐歇山、歇山、悬山、硬山、卷棚、攒尖、盝顶等众多形式，以及更多的群体屋顶组织形式。可能因为屋顶容易被外部看到，且整体影响作用大，历代"舆服制"关于建筑物的各项规定中，对屋顶的规定是执行得最好的。

任何一组传统的功能建筑群，通过高低错落、形制各异的屋顶关系，就能清楚地辨别其中任何一座建筑在该群组中的地位、基本作用和相关关系，绝不会所有建筑都是同样形制和等高的，因此保护"第五立面"应当考虑其传统文化关系。

4）体

体指单座建筑物的体量，现代设计中一般以其高度和宽度表达。历代舆服制度中，从来不对建筑物的高度或宽度作出直接的、尺寸明确的限制性规定，而只明确一座建筑物横向并列的间数和纵向大梁跨越的架数。典型的例如明清两代的"舆服制"都明确，普通百姓住宅的单座建筑为"三间五架"。

这种规定使得传统建筑单体具有以下两个基本特点：

一是建筑物只计总的间数和架数，不限总的长度和宽度。横向承载构件檩的材径越大，就能获得相应越大的间宽，相同的间数可以有不同的面宽；同理，纵向承载构件大梁的材径越大，就能够获得越大的进深。

二是大梁外侧没有明确限制设轩，现有建筑遗存在梁外两端增设内轩、廊轩、前轩、后轩的实例，在历史上的公共性建筑、富裕地区和富裕家庭的住宅是常规做法。

如此规定的实质是，有钱、有材源、有办法使用更大和更好材料的，可用貌似平等的间架规定数量盖体量更大、空间更舒适的建筑。如此规定的客观结果，就是今天能够看到的传统建筑群中，不同建筑物体量的竖向高低错落有致、横向宽窄和纵向深浅的参差有序。在名城保护中对建筑物体量进行调控，则应当保护这样的传统风貌和礼仪韵律秩序，传承和借鉴这种传统方法。

5）貌

从宏观角度、规划层面，貌主要指建筑物的外部整体形象风貌；从建筑设计和施工工程层面，应区分建筑物本体和细部所具有的地域特色风貌及其所属时代的特征。尤其在实施阶段，必须细化到保护对象的体态和体征。

体态主要应关注屋顶，包括：屋顶的整体造型及其组合方式，屋面的纵向凹曲度及其转折点、横向的升起和起翘线形。

体征需要关注细部，主要包括：屋脊的类型、等级及其用材和做法，搏风、墀头、山墙、柱础等重要部品，饰纹的主题和重要特征题材等。

总体而言，对于传统建筑历史文化的保护，如果能够在前面三种分类，即内容与功能、建造时期、文化地域分类研究的基础上进行，就能显著提高保护成果的真实性水平。

三、名城特色评价要点

无论申报还是保护，名城的历史文化特色都是关键内容，在一定的条件下还有可能影响到申报能否成功、保护能否得到认可，因此理所当然地得到普遍的关注。

1.名城特色理解

特色"是一个事物或一种事物显著区别于其他事物的风格和形式，是由事物赖以产生和发展的特定的具体的环境因素所决定的，是其所属事物独有的"[①]。其中的"显著区别""独有"都是中

---

① 见百度百科"特色"词条。

性的注解，名城在实践中还包括《辞海》的一种注解——杰出。

1）特色的状态程度

按照以上理解，名城特色可有三种状态：不同、杰出、独特，以前文相关名词表述，即是代表性、典型性、稀缺性。这三种状态都反映了特色的程度，在特色的属性中应是第二位的；而特色的内容是特色的基础属性，是第一位的。

2）特色的内容构成

特色的内容范围因关注点的不同而多有区别，例如，《国家历史文化名城申报管理办法（试行）》[①]提出相当全面的六条"条件标准"内容；有些学者分别从名城特点分类、功能分类等角度提出相关内容；也有学者从城市设计角度提出城市空间和建筑群方面的内容，包括城市结构格局、历史建筑群轮廓线和空间视廊、传统街区、标志性建筑、小品等。各不相同的内容范围说明，名城的历史文化内容都有成为特色的可能。

历史文化的价值包括历史、文化、科学、艺术、社会、精神等很多方面，内容包括物质形态和非物质形态。按照名城的定义和保护职责范围，名城的特色内容都需要落到载体，"应具有能够体现上述历史文化价值的物质载体和空间环境"[②]。

因此，名城的特色一般以物质形态的遗存为主，遗存本体直接就是特色内容，主要如历史城区、历史文化街区、城墙、城市空间结构布局等。

有一些遗存的物质形态和非物质形态都具有重要的历史文化价值，典型的例如重要的公共类建筑、建筑形制有特点的名人故居等，福州的三坊七巷就是两种形态的优秀历史文化同时具备的

---

① 建科规〔2020〕6号文件，由住房和城乡建设部和国家文物局联合发布。
② 建科规〔2020〕6号文件，由住房和城乡建设部和国家文物局联合发布。

历史街区。这类遗存一般都已经定为等级文物，同时也是名城保护和利用的重要特色。

也有一些名城的特色以非物质形态的遗存为主，这种情况的非物质形态特色往往非常鲜明、强烈和独特，但必须有"能够体现上述历史文化价值的物质载体和空间环境"。例如，一批普通的陕北乡村传统建筑物和简陋的窑洞，承载和反映了延安对于中国革命和中国共产党的独特历史文化价值。再如江苏宜兴独特的紫砂产业历史文化特色，从历史上的紫砂矿坑，到开采和制作用的全套设施、设备，直到窑、仓库、码头等，贯穿采掘、生产、烧制和销售的全过程，通过一系列物质载体和空间环境得以反映。如果只有紫砂产业文化和产品，没有相关的物质载体和空间环境，则不符合名城"条件标准"所定义的特色。

3）特色的空间范围

名城特色评价的首要属性应是与特色相对应的区域空间范围，没有与其他主体参照对比的"特色"很可能仅仅只能称为自身的特点。例如，省级名城的特色应对应于省域空间范围，国家名城的特色当然对应于全国范围。因此，评价名城特色需要有同级的视野和相应的参照系，否则特色存在与否就难以确定。例如，"六尺巷"的故事笔者就曾经在隶属于不同省份的三个城市的当地历史文化介绍中都听到过。

4）特色的时态关系

时态关系指特色的动态关系，是对历史特色和现状特色关系的理解。评价名城特色虽基于现状，但不能丢开历史，应从历史的角度对现状特色进行评价，主要关注以下三个时态关系。

第一是技术水平的时态关系。历史文化遗存形成于过去的时代，除了一些优秀传统手工业技艺，技术水平总体上与现代无法相提并论，应当考量其在形成期的相对水平；对生产类设施遗存的评价，更需要了解、比较当时的技术水平，否则就不能正确地评价其历史文化价值和特色。例如前述对我国第一座城市生活污水处理设施遗存的评价。

第二是地位与功能组织的时态关系。任何遗存都是当时社会的组成部分，有的遗存当时就是环境中的主角，而更多的只是配角或是一种基础、氛围。遗存在当时社会中都有环境组织关系，在历史环境已经不存在的条件下，是一律采用建设控制地带的方法孤立地突出遗存，还是运用恰当的建筑设计手段，把遗存与现代要素有机组织在一起，是一个很需要理性思考的问题。即使在崇尚原真性保护的西方城市，也不乏古今建（构）筑物并肩，甚至交织式共存的案例，而且其通过精心的设计往往成为历史文化保护的优秀特色案例。

第三是设计理念的时态关系。对于城市空间和建筑，古今的美学观中既有相同、相通之处，也有不同甚至相反的观念；即使相同、相通的观念也可能有类似于文言文和白话文的区别。从古为今用的角度，以现代审美和设计语言诠释历史遗存，能够方便现代社会了解和利用历史文化。从名城特色和保护的专业评价角度，对于相同、相通部分，需要把传统营造理念翻译成现代设计语言；对不同或相反的部分，还是应当尊重历史的文化特色，不宜把现代审美强加给古人。

典型的例如高度控制问题。不同时代、不同城市、不同功能类型的传统建筑形制，一般高度多有各自习俗；除个别情况外，底层高度最高，二层、三层高度渐减；而且传统建筑的高度和宽度等基本尺寸都不用整数；殿堂建筑（相对于现代的公共建筑）屋顶升起高度也明显大于普通住宅。现行全国通用的每层高度 3 米的控制规定不符合传统营造的基本法则，不利于对时代特点、地域特色和形制特征的真实保护，应予废除，改由当地城市或建筑地域特色区域根据传统建筑遗存相关分类的实际高度研究确定。

2. 名城特色属性

为了正确、全面、深入地理解和保护名城特色，需要对特色的丰富内容构成进行属性分析。

1）名城特色属性分类

丰富的名城特色构成中，有历史、文化特色，科学、艺术特色，产业、产品特色，空间、建筑特色，生活居住特色，乡风民俗特色等，不一而足。

从名城保护工作方便组织的角度，可以将众多的特色分为三类：城市空间特色、建（构）筑物特色、非物质文化特色。其中，城市空间和建（构）筑物的特色以物质遗存为主体，包括构成遗存的几何类要素等非物质文化；非物质文化特色指不包括城市空间和建（构）筑物的其他文化特色，对于名城保护，主要是各类生产性文化、公共服务文化和生活居住文化等方面的特色。

各种生产性和公共服务等非物质文化门类繁多，评价和保护其历史文化特色，宜依托各个相对应的部门、单位或个人进行，以便于利用各自的专业优势，以及对相关非物质文化资源的所有权和信息渠道。

城市空间和建筑两类特色都是名城定义范畴的主要本体特色，但技术层次有区别、有交叉。非物质文化中的生活居住离不开具体的城市空间和建筑，还有社会性问题，其特色的评价和保护应当属于城市空间、建（构）筑物这两类的组成部分。

2）城市空间与建（构）筑物的特色关系

因为城市空间与建（构）筑物在技术层次、专业特点等方面的区别和交叉，二者之间的特色关系也是有区别和交叉的。

其中，城市空间与建（构）筑物的结合部存在交叉，主要是城乡规划学和建筑学各自对"空间"的定义的交叉，犹如哲学界争议"空是洞，还是边界中是洞，边界是什么、有多厚"，目前解决这种交叉通常采用城市设计的方法。

城市空间和建（构）筑物这两个部分的技术属性之间有很大的区别，很多属于学科性的，甚至是理科和工科的区别；其特色构成要素、保护技术要求等有许多不同。

目前的名城保护规划的内容范围，基本上是从城乡规划专业的角度，只包括了城市空间部分，以及与建（构）筑物的部分交叉。按照名城必须"具有能够体现上述历史文化价值的物质载体和空间环境"的要求，还应从建筑学专业和建筑工程角度，对建（构）筑物的特色进行专业性的评价和保护，在名城特色的真实性保护中，作为必须具备的专业技术性文件。

申报名城要求必须有相应特色的物质载体，保护名城而不考虑物质载体的本体特色的保护，这样的逻辑是讲不通的。

四、四个基础概念

1. 历史观

如何认识城市的历史文化，是名城申报和保护历史文化的工作基础；全面、辩证的历史观，是正确认识和科学保护城市历史文化的重要基本条件。

历史观有很多分类，与历史文化名城保护直接相关的如以下几种：

文明史观，侧重于从人类文明演进的角度，以生产力的发展为标准；注重历史与现状的整体联系和一体关系，解释历史是如何传承的；以文明类型为基本单元，承认文明的多元性。

按照文明史观的演进、发展理念，名城保护应当关注遗存营造时期的历史背景特点，尤其是当时的社会生活习俗和生产技术水平等方面的特点；注重同类历史文化的系列、地域等各种多样性，以更好地进行真实性保护；更自觉地把保护和发展协调共进的理念融入名城申报和保护的所有重要环节和举措，更重视使名城保护的行动能够促进生产发展、生活水平提升，名城保护成果也能够成为文明史的组成部分。

全球史观，重视人类历史的整体关系，重在研究和揭示历史上不同地区、国家之间的相互联系和影响，把地区和国家放在整个世界历史的大背景中、大视野下，客观、平等地进行考察、诠释。同时也应当关注，客观上很难以避免地存在着一些"中心论"的有意识或无意识的影响，名城保护中需要正确区别和消除不当的影响。

全球史观的重要基础是客观、平等，反映在历史文化保护方面，就是要把本国国情、当地区情、名城市情作为不可须臾背离的基础；对于其他国家和地区的历史文化遗存情况和保护利用经验，特别是先进的、适合中国和当地历史文化特点的经验，要以开阔的视野观察、以谦虚的态度学习、以宽广的胸怀借鉴。所有学习、借鉴的根本目的都是改进和完善我们的保护工作，绝不要"言必称希腊"①，亦步亦趋地跟随，甚至忘记了自己。

---

① 出自 1941 年 5 月 19 日毛泽东在延安干部会议上所作的《改造我们的学习》的报告。

现代化史观，重点研究近、现代人类社会从农业社会向工业社会的转变过程，包括经济方面的工业化、城市化，政治方面的民主化、法制化等，这些方面都是城市历史文化演进的土壤和社会生态环境条件。

在建筑类现状遗存中，近代以前营造的各种建（构）筑物，历史文化意义重要、保护条件比较好的基本多已被公布为等级文物保护单位，名城工作职责领域的主要保护对象中，量最大的是近代以来所建。现代化史观关注的近现代文化方面的理性化、科学化和大众化，社会生活方面的平等化和世俗化等，正是名城中占比最大保护对象产生前后和演变历程的历史背景。

2. 价值观

对照名城保护实践特点，在此对价值观限定为优先序，包括历史文化价值评估、保护重要性、利益相关方等多个方面的优先性选择。在名城保护中通常体现为以下三种优先序。

1）保护原则优先序

主要体现在原真性、真实性、衍进性等方面的优先序。这种优先序基本是在历史文化保护领域内，对应于具体保护对象，属于在不同保护理念或专业技术观点之间的选择，一般不直接涉及具体利益。

各种非利益性的不同认识，有专业与非专业、艺术与实用、高雅与通俗等区别。不同文化背景和对内涵的认识有时差别巨大，例如卢浮宫院内新建了金字塔式的建筑，假如需要，太和殿广场可以放什么？因为名城保护所具有的广泛社会性特点，除了不符合法律法规或明确公认错误的观点，总体上都不太适合简单用对错进行评价，而重在引导与结合，例如以专业认识引导非专业认识，艺术与实用结合、高雅与通俗结合等。

名城保护对象的特色、类型丰富，遗存状况多样，保护目标多有不同。应当根据具体遗存特点的实际情况，结合不同保护原则的各自适应条件，进行保护原则的优先序选择。对同一个遗存对象，也可以根据其具体部位的遗存状况，分别选择适用于该部位的保护原则。

2）保护目标优先序

主要体现在文化性、功能性、经济性方面的优先序。历史文化、现代功能、经济效益三个方面都是名城保护的重要基本组成，一个也不能少；三个方面分别属于保护责任管理方、保护对象使用方、保护项目实施方，各有己方本职或本能的关注内容和标准重点；三个方面的内涵属性不同，相互之间的标准没有直接、明确的可比性，重在使相关方可以接受。

因为法律管辖标准的不同，进行保护目标优先序选择时，必须区别等级文物与非等级文物。

①等级文物的保护目标优先序

等级文物保护的法定目标重在关注历史文化意义，相对简明扼要。同时因为由公共财政承担保护经费，一般都按文化性、功能性、经济性的顺序，不考虑或者不太考虑其他的目标优先序选择问题。

②非等级文物的保护目标优先序

对于非等级文物建筑类遗存的保护，通常需要同时考量具体遗存保护对象的某类文化是否实用、尽量物尽其用（不拆、低碳）、能够融入现代功能和水平（社会生态）等；经济因素虽然排在最后，但往往对如何选择有重要影响甚至决定作用，保护目标优先序的问题要比等级文物复杂得多。

因此，对于面广量大的非等级文物的保护，在弄清保护对象历史文化意义的前提下，一般适宜首先按照保护目标优先序进行选择，再用不同保护原则方法对选择的目标进行比选，协调确定保护目标和原则，以使目标可行、方法恰当。

3）保护利益优先序

主要体现在社会性、市场性、群众性、相关性等方面的优先序，直接、广泛地影响到公共利益和保护对象的业主、利益相关人等之间的利益关系，也常常涉及业主与保护对象周边、企业与公共利益、利害关系人或与其他利益之间的利害关系。对保护的选择很多时候受到利益关系的影响，有时甚至取决于这种利益关系，"人们的社会存在决定人们的意识"[①]，其实质就是相关利益关系的体现。

在名城保护中，影响保护认识的并不仅是经济利益，使用功能、运行环境等都包含了利益，甚至与保护范围的空间距离、保护规则的刚柔程度也显然影响到多种利益，包括经济利益的分布。保护工作的岗位责任也是一种利益关系，当然这属于公共利益关系。

在名城保护中，这种优先序选择首先取决于历史文化保护的管理理念，直接关系到"以人民为中心"的指导思想在具体保护中能否得到落实。这种优先序选择也是社会文明的体现，反映了相关方的道德特点。

对于这个优先序，保护技术领域应当遵循现代城市文明伦理和社会公共道德准则，促进坚持公正、公平的选择。对利益的配置应当以是否合理、合法、合规为标准，其中，"理"是道理，兼顾情理。因此，对历史文化保护利益关系的评价，必须考量遗

---

① 马克思，恩格斯 . 德意志意识形态 [M]. 北京：人民出版社，2019.

存的相关性与利益相关方。相关性的内容、脉络要清楚，以便对照标准进行评价；相关方的利益要协调兼顾，任何一种合理合法的权益都不应被忽视或取代。对于经济社会环境的综合效益、相关方的合理合法权益，在历史文化保护中都能够兼顾得当的，就可以当之无愧地被称为优秀的保护成果。

技术规范、政策协调、公平合理，应当作为确定保护利益优先序的基本依据。

3. 协调观

此处协调观专指名城保护自身关注重点的协调，应避免不恰当的偏重与忽视。保护技术工作宜予关注的协调如以下方面：

1）空间技术与政策措施

名城保护离不开城市和建筑的空间技术，同样也需要相关的经济社会类政策支撑，社会发展、民生改善本应是名城保护重要的，甚至可以说是本质的目标内容。如果只是满足于建筑物和街巷的体量、尺度、风貌等视觉空间要素，不关注实现这些空间保护目标与社会发展、民生改善等方面的关系，保护的政策和技术措施就很有可能不全面或者不对路、不到位，保护规划就容易理想化、景观化，缺乏合理支撑条件的保护目标也不太可能如愿实现。常遭广泛诟病的一些保护建筑中不恰当的经商活动，就是在保护中对于经济社会政策缺乏协调的佐证。

2）社会公共功能与日常生活功能

因为社会性的影响力、公共性的责任因素，也因为生活居住的保护技术和具体利益的复杂性等特点，名城保护中比较广泛地存在把历史的生活居住功能改为公共功能的倾向。长此以往，很有可能形成"城区不居住、名区无住宅、名街无居民"的客观结果。这种结果绝不是名城的历史文化传统，也不应是当代留传给后人的历史街区文化。

3）物质文化与非物质文化

因为世界范围内对历史文化的保护基本都是从建筑物开始的广泛而深厚的传统，同时物质在历史文化中具有重要的基础性作用，以及非物质文化不断演进的基本特点，对历史文化的保护长期、普遍侧重于物质类遗存。这原本无可厚非，但名城的历史内涵包括了大量的非物质文化，历史文化名城制度的初心就是针对中国传统重视非物质文化的特点，要求物质文化和非物质文化并重保护。名城的这个内涵优势和保护制度要求应当遵循，相关保护理念、方法和标准应当兼顾非物质文化保护的需要。

4）空间规划与建筑技艺

当前历史文化保护工作的主体专业构成与保护对象主体内容——传统建筑营造的专业性要素构成不相匹配，给建筑类保护带来重体量、轻体态，重风貌、轻细部等较为普遍的现象。就像身高、体重相同的人也各有自身特点一样，完全相同的体量的可以是任何时代、地域、形制的建筑物，其体态也有各自的类型规则、具体时代和地域等特点。必须重视解决其协调问题，在工程层面，用工程手段进行工程对象的保护，避免因为传统营造及其工艺的失真、失传而直接影响名城历史文化保护的真实性。

5）静态与演进

传统保护理念的重物质文化、轻非物质文化侧向，导致具体遗存保护中可能出现重视静态的物质现状、忽视历史的文化演进。典型表现就是在历史文化街区一般性传统民居的保护中，宁可不能住、无法用，也不能改，更不能拆。这些传统民居建筑的现状形制，也是几千年来随着生产技术、生活条件和社会习俗的变化，一代一代、一点一点演进而来，生活居住才是住宅应有的功能，"刻舟求剑"式的僵化保护无法传承传统民居文化。与文物保护相比，名城保护的重要区别是城市空间和街区。城市空间和生活居住的基本特点是动态发展，决定了名城中对于非等级文物建筑的保护理念的基点、重点是传统文脉的演进。

4. 方法论

物有千变万化，人有百计千方。在名城保护中，对于各种各样的保护内容适用分析方法，以及保护对策、措施等方面的选择方法，普遍适宜关注的主要有以下三个方面。

1）纵向分层方面

①空间纵向分层

历史文化有专业特点不同的宏观、微观层次，例如区域、名城、地段与建（构）筑物，以及建筑遗存的空间与物体、部品等。总体形象与具体造型，属于形似的层次；风貌意象与建筑风格，属于神似的层次；物象与质地、技艺，属于品似的层次。宏观的认识和组织、微观的精准和落实等，不同层次各有自身的作用和具体的保护对象、保护要点、保护方法，不应偏废、不宜混淆、不可代替。

②时间纵向分层

时间连续不断，但遗存特点变化多有重要的时代分界。历史文化保护中应关注时间层次，按时期、时段分层。例如历史上不同朝代的特色，遗存的初建时期、历程时期和当前时期的状态，不同时期的发展阶段特点和国家对于历史文化的宏观要求，特定名城所处发展阶段的具体实际情况和切实需求等。应按照影响遗存历史文化特点变化的时代、时期分界，对应考虑其保护条件、保护要求等方面的因素，具体明确相关保护对策。

纵向分层主要用于区别同一历史文化对象、不同层次的技术特点，分层的目的是正确反映分层对象的专业属性及其特点，抓住重点问题，找准相关保护需求，以利于有针对性地制定专业技术措施。

2）横向分类方面

横向分类有三种主要方式。

①按遗存的物质组成方式分类

具体体现为建筑形制分类，例如官式、民式、园林式，住宅、庙宇、官衙等不同建筑类别的传统形制。

②按遗存的功能属性分类

具体体现为建筑用途分类，例如居住、祭祀、商业等建筑的不同用途。

③按遗存的文化属性分类

具体体现为建筑特色分类，例如地域、民族和文化系列、建筑行帮技艺等不同特色。

历史文化保护的横向分类，重在对名城所处区域的分区、因地制宜，对遗存内容属性的分类、因物制宜。横向分类的目的主要是以利于针对性制定相关的保护政策和策略。

3）内涵范围开放性方面

如果把城市建成区比作一块布，水陆路网就是划分单元的边框，也可以成为单元的经络；各种建（构）筑物就是五彩缤纷的图案，分属于不同的单元之中。

传统的单元关系基本上仅以路网分界，不考虑宫殿、庙宇与民宅，宝塔、楼阁与平房等高度悬殊的建筑体量关系；也不考虑富丽堂皇的建筑装饰色彩与其他普通建筑的材料本色的和谐关系，反而规定百姓的住宅等建筑不得涂饰彩画；因为当时各种建筑的材料类型、结构形式和造型风格基本类似，尚无需考虑建筑风貌的协调关系。这些都是在历史的生产水平和生活方式条件下形成的规则和习俗，也是建筑文化的历史特点。

时代的进步产生了对于历史文化保护的需要，过去以建筑类文物为对象、遗产性保护为原则的传统理念，提出了保护对象的核心保护范围和建设控制地带概念。这种概念在以路网分界的传统之外，增加了以保护历史文化为出发点的空间分界，对于把建筑类等级文物作为空间位置中心、社会地位中心的这种性质的保护起到了非常重要的作用。

不同于等级文物的名城文化空间的非均质性特点，因为名城的整体、一体属性，名城保护的遗存对象都是与城市发展直接关联、相互影响的。原来适用于文物保护的划定建设控制地带的方法，在名城保护中却存在一些应探讨的问题。

①适用于以文物保护为单一目的的这个方法，是否一律适用于综合目的的名城保护；是否存在需要改进之处，如何改进为佳？

②这类范围、地带与周边的关系，适宜重在空间的体量还是风貌，重在功能的类别还是联系，还是某种侧重、并重？

③是否存在能够有效保护和合理利用历史文化的其他空间管理概念或方式？

④若干年以后，建设控制地带内及地带外的建筑也有可能被确定为历史文化保护对象，那时的核心保护范围和建设控制地带该怎么划定、调整，怎么延展、持续？

无论什么概念和方式、方法，任何历史文化的保护都应当有利于历史文化名城各个相关方面的统筹协调、综合活力和可持续发展。

七探保护方式

对于名城丰富内涵的保护需要多种多样的方式，具体保护对象适宜采用什么方式在主观上取决于保护目的，客观上也离不开该方式需要具备的条件。主观愿望和客观条件必须相符合，保护方式才能发挥理想作用、实现预期效果。

以下从内涵关系和相关影响的角度对名城保护方式进行探讨。

一、保护方式的类型与条件

1. 保护方式的理念类别

因为名城历史文化类型多样、内涵丰富和保护目标的综合性特点，原真性、真实性、衍进性等保护理念总体上都可以作为名城保护原则的组成部分。但不同的理念都立足于各自相应的支撑条件，都有各自的重点保护内容，因此也各有适用的范围及其保护方式，在应用中需要根据具体遗存的实际情况进行选择。三种保护理念的重点内容及其特点分类如下：

1）原真性

即保护原物，分为现状、原状两种保护方式。

2）真实性

即保护原物或者原样、原工艺三种内容，有多种真实保护方式。

这两种理念自不必说，都是已经得到相关国际组织认可的历史遗产保护的原则方针。其中对于真实性理念，应予关注的是原样和原工艺这两种内容的保护方式。

中国传统建筑文化中的"重建"概念，基本都只是保留原建筑名称的重新建设，而不是"原样"。例如古今闻名遐迩的长江名楼，数十次重建，历次的层数、体量、营造技艺的时代特色乃至建设地点等多有不同。那样的方式只是创造新物体、沿用原名称和传承非物质文化精神，而不是具有现代科学意义的建筑保护，因此得不到现代保护理念的认同。

具有可信和足够的历史原样依据的科学的重建，保护了原物的原状，根据真实性理念认可其是一种真实的建筑历史文化，可以称之为"复建"，以区别于非现代保护意义的重建。针对名城保护对象的工程质量多样性特点，为了尽可能多地保护历史文化，应当采用现代工程技术方法和标准，把"复建"作为一种合法的、规范的保护方式。

传统营造习俗中对"重修""修建""重建"等概念并没有准确的定义区别，通常混为一谈。为了提高历史文化名城现代保护的科学水平和专业质量，有必要对此类相关概念作出准确的定义，并明确相关标准。

3）衍进性

即保护原文化、原文脉。首先必须强调以下四点：

第一，衍进性理念不是对具体建筑历史文化价值的直接保护，而是对建筑传统文脉的保护。

第二，因为第一点，衍进性理念只适用于传承、弘扬历史文脉的新建项目，不适用于对现有遗存物质或物体的保护。

第三，因为第二点，衍进性理念只保护历史文脉的真实性，不适用于对具体时代的历史文化特点的保护。

第四，因为第二、第三点，在现有遗存保护中出现的原样改变和时代特点、地域特色的消失或混淆，是保护效果的失真，而不属于衍进性保护。

从历史演进的基本规律和客观史实来看，特定时期的历史原物只会日渐减少，而需要和值得保护的物体将会陆续成为历史文化保护的对象，传统建筑历史文化脉络生生不息的发展就立足于这样的持续更新、创新。因此，衍进是建筑历史文脉能够得以弘扬、发展的必然现象和必要条件，也是名城的历史文化根脉能够保持活力、永续发展的必不可少的保护方式。

2. 保护方式的内涵类别

按照不同的内涵，可以把各有适用的多种保护方式划分为三种基本类别：空间形式类、对象属性类、保护策略类。

1）空间形式类

根据遗存丰富程度和空间分布情况，以及历史文化遗存与现代城区的空间规模关系，保护主要有四种形式。

①整体保护

这里"整体"是指古城，而不是拥有大量现代城区的名城整体。例如意大利博洛尼亚古城的整体保护，20世纪"60年代后提出'把人和房子一起保护'的口号……连一般平民百姓的房子都要保护"[①]。这种形式遵循尽可能不变的原则，保护现状所有的物质组成、居民成分及其生活方式。

---

① 张松.历史城市保护学导论[M].3版.上海：同济大学出版社，2022.

这样的城市一般有几个基本特点：一是有优良的长期发展的历史积累，现状基本形成后变化缓慢；二是第一次工业革命以来，城市的主要产业和生产方式没有根本性变化；三是在此期间的城市对外交通条件通常落后于周边区域；四是拥有较为舒适的传统生活居住条件，且在传统生产方式背景下与现代宜居的要求没有根本性的较大差距；五是有可能成为传统特色产业、一般文化创意产业或旅游业等基地，但现代化新型产业经济不强；六是较易出现居住人口的老龄化、减量化趋势。

这样的城市十分罕有，因而也非常宝贵，其中一些条件较好的已被命名为历史城市、世界遗产城市，这样的城市有条件，也适宜采用整体保护方式。

②全面保护

20世纪80年代，国务院批准《苏州市城市总体规划（1985—2000）》时明确，全面保护苏州古城风貌，不但要保护物质遗存的"颜值"，同时还要保护古城非物质传统文化的"气质"。迄今为止，明确规定"全面保护古城风貌"的城市并不多见。

结合当年苏州的情况，提出全面保护古城风貌的依据和理由主要有几点：一是苏州古城中有大量的、类型丰富的物质遗存，其中包括后来被命名为世界遗产的多处古典园林和众多的被定为等级文保单位的园林，散布在古城范围；二是具有小桥流水人家、粉墙黛瓦等苏南水乡城市的典型特色风貌；三是苏州已经进入经济社会发展、城市空间拓展的快车道，急需加强保护。鉴于以上情况，全面保护的方针原则，既包括了古城全部空间范围，也包括了名城历史文化的全部类型、内容。

20世纪80年代我国历史文化名城制度尚处于不断探索完善之中，当时苏州采取的是发展新区、保护古城的方式，对古城主要考虑疏解与古城保护无关的功能和人口，配套完善民生类市政基础设施。40年来的实践证明，像苏州这种规模的地处发达地区的古城，在快速发展阶段，偏重保护而不相应关切古城现代化进程的保护方式是必须改进完善的。

当然，"法乎其上、得乎其中"，在"全面保护"方针的约束下，苏州古城风貌保护效果基本良好，保留了5片历史文化街区、9片历史地段和大量等级文物、历史建筑；今后需要攻克传统民居的现代宜居、多年积累的居民老龄化、低收入和外来打工者在古城内过度集聚、低端产业层次等系统性问题，以振兴古城活力。

③点、线、面保护

历史文化名城比较普遍采用的是点、线、面保护方式。这种方式的优点是：涵盖了平面空间的基本单元形式，方便适应大多数名城的遗存空间分布现状；组织方式灵活多样，利于统筹兼顾保护和发展的空间需求。

采用这种保护方式应综合考虑三个层次的空间关系：首先是遗存的点、线、面空间分布的现状关系；其次是以遗存现状为主的历史空间布局关系，再统筹考虑遗存保护的点、线、面与城市布局结构的总体空间关系，以利于名城的保护与发展协调兼顾。

名城保护的点、线、面空间如果不能融入城市总体布局形成有机整体，就很有可能成为两类主体"两张皮"，最容易在道路交通和建筑高度控制等方面产生尖锐矛盾。

④局部保护

这种方式适用于历史文化遗存在一两个局部地区相对集中的城市。如果采用这种方式，一般应关注三个问题。

第一，遗存规模与城市总规模的关系。这个关系对城市的发展路径和产业门类、层次有可能产生重要影响。

第二，遗存路网与城市整体路网结构的关系。这个关系首先取决于遗存片区在城市中的空间区位；不同的区位、相应的路网，形成老城与新区的各种空间布局结构衔接关系特点，从而影响传统地区的保护和发展条件。

第三，城市发展规模的远期、远景预测。如果城市发展前景良好，现状局部就只是一个短期状态。改革开放40多年对于城市历史来说只是一个"暂时"，不少名城的规模增长了数倍，甚至十数倍，原来的"局部"早已经变小、变位，"局部保护"的问题早就不可同日而语。这种以量的普遍增长为主方式，目前总体上已经转型为以内涵提升为主的高质量发展阶段，但有些城市的空间规模未来可能还会成倍地增长。如果能够作出预测，相关的一些保护决策和策略便可以更有远见。

2）对象属性类

不同于空间形式类的综合性特点，对象属性类的保护方式一般适用于具体遗存，主要应用在专业技术方面。根据同一个具体遗存的状况和特点等，对其内涵的不同属性进行分类，以区别重点特性、明确保护要点，分别制定操作性保护措施。

①属性类别

主要考虑四种类别的特点：形态类别、层次类别、专业类别、权属类别。

形态类别包括有形和无形。有形的遗存更加直观，便于选择适合的保护方式。无形的遗存有两种，一种是功能等相对独立的非物质文化，各有其相应的保护方式；另一种是物质形态自身的几何类等非物质文化。

按照真实性保护理念，组成建筑物的构件的形状和尺寸也必须和原物的一致，做到了这个方面的一致，也就保证了形制和风貌的真实，应当从保护非物质文化的意义去保护建筑的这些几何类要素。对遗存保护对象宜采用三维扫描等现代技术，获得符合真实性保护方式要求的档案资料。因为中国传统建筑及其组成构件中普遍存在的柔曲线型，采用传统人工测绘方式时，如果缺乏古建筑专业知识，找不准物体造型的控制点，获得的资料就很难保证建筑工程层面的真实性。

层次类别主要包括城市、街区的宏观层次，建筑群、建筑物的中观层次，施工、装饰的微观层次。不同层次各有其主要保护内容的要素和保护的标准，最简单的如计量单位，宏观层面论公顷、米，微观层面以毫米计，各自适用的保护方式必然有所区别。

专业类别，即与历史文化遗存相关的专业，按照与名城保护的关系，主要可分为两种。一种是名城保护工作领域的相关专业，例如城乡规划、建筑设计、文物保护、古建筑施工等，所用保护方式基本都以物质类保护方式为主；另一种是建筑遗存的原功能和保护后功能的相关专业，包括生产、经营等各种使用单位，适用于以各自职能的非物质文化为主的保护方式。正确区分专业类别才能做到真实性保护，保护其历史文化需要发挥相关的各种专业技术优势。

权属类别指遗存保护对象的所有权、使用权关系，涉及保护的责任和利益，影响保护组织方式的选择，但不影响保护的技术方式。

②属性关系

对象的不同属性之间关系密切而又需要区别各自特性、分别处置的，一般多体现为同一个保护对象的不同属性的两两对应、对比区别关系。主要包括：

不同形态的关系，指物质文化与非物质文化的保护关系，例如产业建筑保护与生产文化保护、住宅建筑保护与生活居住文化保护。

不同层次的关系，在名城保护中，主要是遗存本体层次与风貌层次的保护关系。例如建筑物的形制、形态保护与体量保护，构件、工艺保护与风貌保护等。

保护和使用的关系，也就是保护管理方与使用方的关系。形式需要保护，功能必定演进。

职责和义务的关系，属于法定规则，实质是保护对象不同权属之间的关系，包括权属与保护的关系、管理责任、违反或不尽义务的责任等。

属性关系中的任务、问题或职责，基本都分属于不同的专业层面或行业领域，保护中应根据相关属性的特点，及时进行专业协调、优势互补、协同整合。

3）保护策略类

此处专指对遗存保护组织方式的策略，一般视遗存自身的功能和空间组织特点、单片遗存的规模，与保护相关的必要成本、进行保护的时机等具体情况进行选择。参考我国建筑方针的精神，策略方式的选择应符合安全、适用、经济的标准。针对名城中物质类遗存的普遍特点，常用的有以下方式：

①对象保护与整合保护

对象指拟进行保护的建筑遗存，包括单体建筑以及在功能、空间组织方面的一个建筑群体；从方便组织的角度，有时也包括同一个权属关系，且用地相连和空间特色类似的群体建筑。对象保护方式独立性强而方便协调，灵活性强而牵制影响小，在保护技术要求可控的条件下还可以吸引业主或社会组织等多种主体参与，是最基本、最常用的组织方式。

对象保护方式有时也会存在一些不适应。经常可能遇见的如，遗存现状与周边地区在空间组织方面都只是历史原状整体的一部分，而恢复其历史空间组织具有重要的意义作用；遗存对象保护的总成本较高，单独核算不具备可行性；一定区域范围内此类对象较多，单独进行保护容易增加城市交通和居民生活等方面的环境问题。

整合保护方式可以有效解决以上问题，或者明显降低问题的尖锐程度而便于保护操作进行。整合方式有多种渠道，以针对不同保护对象的具体情况。例如，空间整合主要用于恢复重要历史原状，项目整合主要针对环境问题和获得规模效益；在成本整合方面，宜根据具体情况，可以相连或异地整合，也可以同类或与其他方便形式进行效益整合，效益协调、利益公平才能有利于保护工作的开展。

采用整合保护方式一般也需要关注两个问题。第一，对于整合范围内历史文化的多样性，如何发现和认识、继而如何保护；如果因为方便其他方面而对历史文化多样性产生重要不利影响，那么这样的整合就得不偿失了。第二，因为整合范围内权益主体的多样性增加了可比性，对权益的种类和形式等方面的不同诉求进行协调的复杂性也会相应提高。

②滚动保护与集中保护

滚动保护与集中保护类似于对象保护与整合保护，不同之处在于策略方式的选择依据。所谓"滚动"，指分块分期、连续进行，主要考虑四个方面的因素。一是片区中遗存的时代、功能、空间组织等不同特点的技术性需要，二是保护效能发挥的时序性需要，三是保护流动资金循环的需要，四是相关保护政策区别的需要。

集中保护是对片区内的保护同时展开、同步进行，一般不需要专门考虑效能时序、资金循环或政策区别。但是，对于片区内历史文化的多样性特点，必须重点关注研究、梳理，分别采取针对性保护措施。

③应急保护、利用保护与日常保护

历史文化名城制度脱胎于文物保护制度，在当时遗存普遍年久失修的历史背景下，起初自然承袭了"抢救第一"的精神，而随着岁月的侵蚀，至今仍然还有少部分存在着应急保护的需要。这种策略方式主要是应对遗存工程质量的客观选择，有时也可能是因为现代发展中无法避免的要求的选择。

名城保护总体上已经进入活化保护阶段，利用保护已经成为当前的主要保护策略方式。利用保护策略的基本特点是直接受"用"的影响，用于什么、如何利用都可能关系到具体保护方式的选择。

日常保护是传统的保护方式，也是城市社会平稳发展的正常保护方式。其基本特点是原物维修，包括针对已经出现问题的维修，也包括不针对具体问题的定期或不定期养护、维护。这种策略方式主要根据建筑相关材料和部件的工程质量特点，在使用中随时进行小修小补，尽可能延长建（构）筑物使用寿命，基本不作无必要的明显调整和改造。这种方式就是历史文化形成和积累的正常方式，最为契合"在发展中保护、在保护中发展"的精神，应当成为名城保护方式的主流发展方向。

二、空间布局类保护方式

名城的历史文化空间布局包括物质类的分布状态关系和非物质类的空间分布特点，具体适用何种保护方式，需视城市具体情况而定，一般应统筹考虑以下四个关系。

1. 历史时空关系

城市现状空间一般都大于过去的规模，很多城市在不同的历史时期还有特定的集中发展范围，甚至独立成城。不同时期的历史文化各有其时代特点，与历史空间相关的要素主要有以下三个方面的体现。

1）街巷空间组织方面

主要结构多形成于始建时期和其后的集中、快速发展时期，街巷密度小的地区多是非富即贵的大户居住，密度越高的地区居民生活水平通常越低，即所谓"人以群分"。住宅"物以类聚"的不同空间脉络反映了当时城市社会的面貌特点。

2）历史地名方面

古代城市地名传统习俗主要可分四类。皇城范围多以"象天"理念用东西南北中等方位，或者天、地、午、玄武等代表方位；社会上层人士活动、居住的范围多用地位身份或姓氏为地名，例如某衙街、某园路、某府巷、某前街等；普通居民生活居住地区的命名方式常见有两种，一种多用居民职业，例如铜匠坊、铁管巷，另一种是地段功能，如米市街、菜市口等。除了以上四类，其他地名由来多没有相同的规律，但多有随机的原因，弄清其来源就很可能发现其文化特点。

3）建筑类遗存方面

因为砖木类建造材料的耐久性特点，建（构）筑物现状遗存的建造时期一般都以近现代为主，而为数相对较少的历史更悠久的遗存也就更加宝贵，其所在范围的时空关系就可能有条件与众不同。

时空关系蕴藏着重要的历史文化信息，为了保护好历史文化的时代特点，首先应当深入研究、梳理清楚。

2. 传统结构关系

空间布局方面最能反映城市营造理念、历史文化特点的部分，主要包括空间结构的关系和核心布局的历史空间结构。绝大多数城市纳入保护范围的历史文化遗存都不太可能非常全面、完整，遗存的空间分布现状也不一定可以体现城市的传统空间结构，各个历史时期的空间布局理念既有可能延续，也有可能不同，甚至别出心裁、另辟蹊径。特别是古代的都城，因为政治方面的理念因素和集中实施力量的强大，移址新建、改变原有空间结构的实例屡见不鲜[1]。典型的如明初京师南京城，放弃了自东吴至元末已经延续千年的城市中轴，专门填湖新建皇城，东移 6 公里重新创立了城市中轴线，其中轴布局及其理念因为永乐迁都还成了明清两代北京城中轴线的模板。

3. 现状布局关系

即历史文化遗存的空间分布与城市现状布局的关系。名城中的历史文化遗存，无论是物质类遗存的空间要素还是非物质类的

---

[1]　见史念海《中国古都和文化》，中国大陆古都 217 处，涉及可知王朝或政权 277 个。

功能、文化要素，都是现代城市的有机组成部分，遗存部分与其他部分总是相互关联、相互影响的。

保护类工作重点关注历史文化的需求，发展类工作重点关注其他方面，也包括历史文化保护和利用的需求，这样的区别只是保护工作职责分工和表述内容各有侧重的区别。保护与发展的原则相通、功能和空间的目标一致，是历史文化保护意图能够落实的前提，不应各吹各号、各拉各调；既不是留足保护空间，也不是留下发展空间，而应统筹考虑保护与发展的合理空间需要，以保证二者关系协调统一。

筹划历史文化空间布局的保护，除了遗存的空间布局特点和保护空间需要等保护本职内容，还应重点关注城市空间与保护范围密切相关的以下三个方面。

1）功能布局方面

用地功能及其合理的经济性，直接影响建设需求的密度、强度、体量，例如中心区和休憩地块、周边地区不同，商业、商贸和批发不同，文体教卫等现代大型设施的公共功能强度、配套现代交通方式及其尺度的需求等，合理的功能布局是历史文化保护的基础。

2）空间布局方面

由功能适配性和经济合理性产生的体量、密度、强度等需要，对建（构）筑物的高度、尺度产生直接影响，也有可能影响到一些视点、视廊、视野的保护。

功能和空间两类布局，其客观现状与理想状态，现代实用性、历史文化性、经济适用性等，都是应当尽可能统筹兼顾的。《历史文化名城名镇名村保护条例》总则第三条要求"正确处理经济社会发展和历史文化遗产保护的关系"；第二十八条更明确规定，"在历史文化街区、名镇、名村核心保护范围内，不得进行新建、扩建活动。但是，新建、扩建必要的基础设施和公共服务设施除外"。

3）交通网络方面

多种内容和渠道的历史文化利用，形成不同消费层次和利用活力在名城中的空间布局。各处空间的利用需求带来交通方式和交通流量的变化，必然对路网、线网和停车等设施产生影响，有时可能会产生必须作出相应调整的影响。

4. 未来结构关系

城市将不断发展，历史文化空间布局自身也在演变，现代城市对历史空间布局是继承、传承，还是调整、避让等，无论采用什么方式，都应当结合城市的未来发展，作出能够传承优秀文化，同时切合当代需要、具有远见的选择。

对未来进行预测，需要加强逻辑性，以避免主观臆测，一般可以重点关注两个方面。

1）城市格局保护方面

城市现状布局结构是历史的积累，与各个不同历史时期的城市规模及其发展阶段的经济社会特点和生产生活水平紧密相关。

曹魏邺城、隋唐长安等著名古都，如果能够完整地遗存至今，将必定是宝贵的世界奇迹，而从历史文化名城保护的角度，却很难想象其城中一座座封闭、庄重的里坊墙到底该不该拆。当然这只是杞人忧天式的设想，千年以前的宋代人早已经解决了这个问题，留下了今天商业街的传统。

因此预测城市格局的保护，实际上首先是预测城市的经济社会、科学技术的发展和生活方式的变化，而不只是预留某些发展用地。

2）空间布局保护方面

对于空间布局的保护，首先需要弄清空间布局的内涵，以明确保护的内容和需要。

空间布局的内涵可以分为形式、内容、关系三个方面。形式是相对稳定的物质遗存，保护以视觉立体效果为主；内容是不断变化的功能文化，保护以源流脉络为主；关系是不可或缺的生态系统，保护重在各种有形、无形的网络联系。

城市未来空间布局最根本的影响因素是历史文化延续的功能的变化，因此最需要对其发展趋势进行预测，并将其作为预测其生态系统的依据。评价哪个年代的空间布局效果好，各有不同历史时期的生态系统作为参照。今天的北京城市中轴线不但传承了"三朝五门"的皇城空间布局传统文化，随着以天安门广场为重点的现代演进，毫无疑问也已经成为有史以来历史文化内涵最丰富、视觉效果最壮观的城市中轴线。

三、建筑要素类保护方式

相对于空间布局保护方式以宏观的城市层面、城市规划角度为主，对建筑要素的保护方式则主要针对单个建筑遗存层面、设计建造角度进行探讨。

1. 物质要素保护

结合物质遗存本体的一般构成特点，保护方式可以按其构成要素分为三类：物体、材料、纹饰。

1）物体要素保护

人们感知的建筑物内外形象由各种几何形状限定，物体及其组成构件形象的具体尺寸、线形等各种几何类要素，既是保护物体的依据，同时也是应当保护的内容。

几何类要素是真实保护建筑物质文化的基础性要素，建筑物的时代特点、地域特色，本质上也多体现在几何类要素方面的区别。

例如，砖缝宽度就是一种特殊的几何类要素，涉及粘结材料和砌筑工艺。现代习惯和建筑施工技术标准与传统营造的做法区别明显，尤其需要关注。从对清水墙保护实施的普遍效果来看，相当于传统厚度 2~3 倍的现代砖缝，犹如传统手工布料上的缝纫机线和塑料纽扣，散发出一股现代气息。

2）材料要素保护

材料要素有物理、化学等不同特性，也有材料质感的形象特点。在等级文物的保护中，通常对这些特性、特点一并进行原物或原材质保护。

对于非等级文物，如果没有条件采用原材料、原材质进行保护，或者因为传统建筑材料的物理化学性能不容易达到现代建设标准和使用要求，可以改用适宜的新型建筑材料，利用其优良的物理化学性能，同时保持传统材料的表面质感形象。如钢筋混凝土等多种材料的仿木、仿砖工艺已经十分成熟。

3）纹饰要素保护

此类要素包括物体本身的立体造型，部品和构件表面的饰纹、色彩等，是体现建筑风貌的时代、地域，尤其是文化系列等方面特色的主流要素类别。

文化系列特点多以饰纹的不同题材，或对同一题材的不同寓意体现，对同样题材的不同用法和技法则多能反映出建造时代和地域的各自特点。例如中国人最熟知的"龙"，出现在数千年来的不同时代、空间的文化区域中，蜿蜒的、飞腾的，无鳞的、有鳞的，无爪的、有爪的，三趾的、五趾的，民间的、皇家的，形象各有特点、大有区别。

色彩的寓意关系相对简单、稳定，多是当地主要建筑材料和特色材料的本色、乡风民俗偏爱色，往往形成影响最广泛和直观的地方特"色"。例如苏南地区太湖流域的黏土砖瓦颜色深黑，形成"粉墙黛瓦"，苏北地区黄河流域的沙土砖瓦颜色灰黄，多用清水工艺，与当地的石材颜色相和谐。在兴起于战国时期的"五德终始说"的影响下，历史上的统治者多明确本朝的"德"，其对建筑的影响主要是国家对官方建筑的面饰、彩画等色相有明确的统一要求。例如明朝自认是火德，彩饰就偏暖色调；清朝依"五行相克"观念强调水克火，自认是水德，彩饰也以青绿等冷色调为主。

2. 非物质要素保护

建筑类的非物质要素与物质要素不可分割，保护方式也可以分为三类：空间、功能、技艺。

1）空间要素保护

空间要素类似于物体要素，基本构成也是几何形象，但不是物质本体的构成，而是指一个功能建筑群的空间组织关系。

区别于城市空间中由于建设方多主体而导致的组织关系相对自由和松散性、外向性特点，功能建筑群内的传统空间组织，通常出自同一个建设方，内部关系紧密，以当时的礼仪制度、内部运行关系、家庭或社会的习俗为基本设计规则。

区别于建筑几何类要素的本体独立性，此类空间要素主要包括方位、体量、尺度等，隐含着参照对象的相关内容，作用是确定建筑群内特定建筑之间的功能和等级的相互关系。

因此，对这些要素的保护，不仅是从现代文化和审美意义上保护建筑群体空间的表面视觉效果，更本质的是针对建筑群传统文化内涵的保护。

2）功能要素保护

建筑物都是具有实用功能的，传统建筑的形式主要根据使用功能而产生，于是有了住宅、商铺、作坊、庙观等各种类型的建筑。其中基本的、重要的内容，在营造技艺和管理规则的共同作用下成为建筑形制。

保护建筑遗存应当同时考虑对其使用功能的利用保护，如果只保护建筑而不保护功能，一些因为功能性强而形制特别的建筑就只剩下徒有其表的形象。大雄宝殿用作商店就不明其高，住宅用于文旅就难知其礼，一些工艺特别的产业类建筑，如果离开其所承担的生产流程和工艺要求等内容，造型就更可能莫名其妙。

但是功能又是不断演变而具有显著时效性的非物质文化，因此保护中常常面临"保则不适用、不保缺一半"的困境。从有效保护的角度，对功能要素宜以现代适用为基本准则，分别或组合采取延续、优化、升级、影像等不同保护方式灵活应对。

3）技艺要素保护

传统营造的技艺要素主要有两大类：建筑建造技艺、材料制作技艺。

因为建筑、材料、文化等方面的条件影响，各地的建造技艺及其分类多有不同。以明清两代在全国影响最为广泛的苏州香山帮为例，其古代传统营造技艺分为八作（类），即瓦作、土作、石作、木作、彩画作、油漆作、搭材作、裱糊作；"作"下再具体细分，例如闻名退迩的砖雕、石雕、木雕等。现代的香山帮又增加了很多新工种，关于古建筑的细分如假山技艺、理水技术、绿化种植、塑像、御窑金砖、盆景园艺等。当然，这些工种只是传统营造技艺的现代分类，不是传统营造技艺本身，对分类的传承也不能代表对传统技艺的保护。

画一个圈随手可成，但再画一个真实原样的圈就不那么容易了。建筑遗存类似于原来画的第一个圈，是主动的、无参照物限制的；现代的真实性保护则相当于按照第一个圈描画，随时随处都需要遵规守矩。特别是具体建筑遗存所具有的时代、地域、文化系列等方面的个性特点，现代标准式的任何技艺都无法保护这些非常需要保护的要素真实性，值得严肃认真的关注，研究清楚保护对象的历史文化特点，选择切实有效的传统营造技艺保护方式。

四、方式选择与相关条件

不同保护方式各有其必需的，或者适宜具备的条件支撑，仅凭某种主观意愿、理想目标进行选择的保护方式，一旦缺乏足够的甚至脱离了必要的支撑条件，就不可能如愿实现保护的目标。可以把保护方式选择的影响条件归纳为以下三个方面、十个类别。

1. 遗存本体影响方面

遗存本体影响方面，有以下四类条件：

1）规模结构类

包括名城范围内的遗存总规模及其空间分布结构的组织关系，主要影响名城整体空间布局保护方式；单片遗存的空间规模、纵深尺度及其组织关系，主要影响交通策略、利用策略和保护组织策略。

2）质量品格类

包括具体遗存的物质性的工程质量、非物质性的风貌品格，其中工程质量对如何进行保护有直接的重要影响，有时需要依此确定保护原则方式的选择。

3）功能文化类

包括遗存建筑物的使用类别，影响遗存的非物质文化保护和利用的方式选择；遗存的文化特点体现了时代性、地域性、文化系列等需要保护的具体目标，从而影响保护的技术组织方式。

4）档案资料类

包括各种图文类型，以图为主。其中，图以实物的工程技术图纸和能够反映实物细节的照片为主；文以专业记载、专门记载和历史记载为主。按照当前通用的观念，长期、广泛的口传信息在一定条件下也可以作为保护的参考资料或依据。

遗存本体条件是保护方式选择的最基本直接依据，其影响以不同形式客观存在。应当按照实施保护的技术要求，全面调查梳理、理性分析评估，重点用于明确保护的原则方式和技术属性方式。

2. 遗存关联影响方面

遗存关联影响方面，有以下两类条件：

1）功能环境类

指遗存功能的周边社会生态条件，包括历史功能、现代使用功能与周边社会功能的生态关系，城市交通的路网、线网等系统条件。

2）产权权益类

包括遗存产权的权属、利益关系人，对其实行保护的利害关系人等。

遗存关联条件对于保护策略类方式的选择有重要的直接影响，对具体保护和利用等方面也有广泛的影响。

3. 保护利用影响方面

保护利用影响方面，有以下四类条件：

1）保护目标类

对具体遗存的保护可以有多种多样的目标。

作用方面的目标有保护、利用两大类；保护内涵类型有物体保护、功能传承、文化弘扬、文脉演进等，利用类型和方式更是"存乎一心"，重在效益、效应。

效益方面的目标有历史文化效益，经济、社会、环境等效益，目标效益有单一与组合、综合等。

目标越多，保护效果越好，保护的难度也相应加大。目标的核心是历史文化效益，重点在于保护效益，焦点在经济效益。

2）保护技术类

此类是选择技术性保护方式的刚性条件，包括保护对象的文化门类或系列，保护设计、施工方面的技术工种，具体执行人员的操作能力、实际水平等。针对具体遗存的工程特点和文化品格，尤其是时代特征、地域特色等保护目标，需要具备相应的专业力量和相宜的能力水平。

3）保护经济类

包括保护成本的计核范围和责任承担主体、补偿补贴政策等，还有投入产出平衡策略、经济效益合理区间、融资渠道和方式等诸多方面。对于非等级文物的一般性历史文化保护，形成可持续的良性循环机制是方式选择的普遍要求。

在涉及复杂多样的集体和个人经济利益的保护中，从国有资产管理的角度，公共财政支持应以财力具备为前提，主要用于公益性内容和帮扶弱势群体。

4）利用市场类

历史文化利用的市场需求丰富多样，其中一些特性对保护效果的影响作用应予关注。主要包括：保护利用的内容和水平与现代社会的相融性；具体利用内容与服务群体的对应性，具体利用水平与消费层次的相应性；城市中某类利用功能的总规模与该城市此类市场总容量的关系等。

例如，同品牌、同品质、等量的一杯咖啡，在一线城市中售价数十元，其他城市中可能只是十数元甚至数元；文旅一条街效益挺好，几条街是否都能保持这样的效益就需要研究预测。

因此应当深入分析、正确认识市场现状需求，针对服务对象、消费层次，明确利用内容和水平；关注需求总量，避免惯性思维、盲目效仿；也应当积极研究潜在需求，创新开发市场新领域，利用历史文化促进相关产业的转型升级。

以上四类条件都是历史文化保护的经济技术是否可行、社会作用能否获得预期效益的决定性因素，对于各种保护方式的选择有重要的支撑和检验作用。

4. 保护方式的四个"性"

无论选择何种保护方式，都适合用保护方式所具有的以下四种特性对选择进行校核，以保证正确选择、争取最佳选择。

1）规则性

统一的规则是必须共同遵守的标准，但具体对象的保护方式应当用对标准。等级文物与非等级文物、物质类与非物质类，保护标准各不相同，公共建筑类的保护标准也不完全适用于居住建筑的保护内容。

原真、真实、衍进等不同原则理念的保护方式，各自适用的保护对象的现状、性质和保护的内容、规则都不相同，都需要根据具体遗存的类别和性质特点，分别明确恰当的保护目标，形成与目标相对应的保护标准。

2）地方性

地方性重在独特性。如前所述，建筑类文化的地方特点的形成离不开其历史条件，包括地理、地质条件影响的传统建筑材料，宗族社会和家庭结构，生产生活水平，还有交通不便、管辖范围等多方面的因素。而诸多条件的总体特点可以归纳为传统农业和手工业水平、封建社会文化、交流很少。

在以上形成因素已全部出现显著变化、几乎全面改变的现代社会中，对历史文化地方特点的保护，面临从材料生产到建造技艺、从平面功能形式到建筑细部特点、从历史信息知识到保护经济成本等全方位的挑战，地方特色的保护价值和作用也就更加宝贵。

任何保护方式都应当把保护优秀地方特色作为非常重要的职责任务，根据特色保护的需要，探索、优化保护方法和措施，必要时应以深化、细化或多样化的方式完善保护要求。

3）时代性

传统建筑营造的特点是在历史实践中逐步演变的。时代性是文化遗存的历史真实体现，需要认真的专业性应对，包括对遗存建造时代或建筑形制、风貌时代的正确判定，当然也必须包括能够完成时代特点保护的技术力量组织。

从《周礼》开创建立舆服制度以来，《唐书》始有关于建筑制度具体内容的记载，其后历朝"舆服制"规定的都是一些建筑形制等级方面的内容，除了对屋顶形式、用瓦和用色的规定、对"间、架"的规定间接反映体量等，其他内容与传统营造技艺和现代意义上的建筑造型、风貌没有直接的关系。

传统营造技艺对建筑造型、风貌和具体特点的影响方面，目前可以确认的、总结性的特别标志点有两个。

第一个是北宋崇宁二年（1103 年）出版的属于国家规范的《营造法式》，作者李诫在宋代初期两浙工匠喻皓①所著《木经》的基础上编成；南宋时期在苏州重刊的《营造法式》中采用香山帮的图、法，与此同出一源。第二个即清雍正年间颁布的《工部工程做法则例》。两个标志点之间的时期则是从《营造法式》逐步向《工部工程做法则例》的过渡演变。

因为规范得到推行的时序和对国家规范遵守程度的不同，各地建筑的时代特点进度有别，但总体方向是一致的。

按考古学标准确定建筑物具体建造时代的难度较大，对于名城保护的一般对象也没有必要如此精确；而按建筑物的代表性特点区分样式时代，即分为宋式、元式、明式、清式，从古建筑专业角度则是不困难的。

历史文化名城由历代文化累积形成，现状建筑遗存一般也有数百年的积累。不同历史时期、特点丰富多样的遗存，如果因为保护方式过于简单或不对应，而在保护中趋同变成同一个时期的

---

① 喻皓，五代末至北宋初期人，欧阳修《归田录》赞其为"国朝以来木工一人而已"。

建筑文化，那将是历史的遗憾。

4）实践性

实践性在保护方式的相关方面都有体现，主要应关注：方式支撑条件的可行性、方式作用发挥的有效性、方式的逻辑效果与保护目标的对应性等。除了考虑历史文化保护需要的因素，同时还应当统筹考虑保护方式与相关发展、社会文化等环境的影响关系。

五、非等级文物建筑类遗存保护方式

非等级文物建筑类遗存是在《中华人民共和国文物保护法》直接管辖范围以外的名城保护的物质遗存主要内容。历史文化名城制度施行四十多年来，已经广泛进行了大量的理论探讨和实践探索，很需要，也有条件形成专门针对非等级文物建筑类遗存的保护规则。

作为探讨，现对其保护的基本理念和方式提出以下几点认识：

1. 保护理念

什么是保护？不变是保护，衍变也是一种保护；不变是对具体现状的保护，衍变是对现状历史文脉的保护。名城保护首先是对现状存在的保护，同时也应当保护历史文脉。

下面从保护技术角度，对非等级文物建筑类遗存提出三点保护理念：真实保护、文脉保护、分类保护。

1）真实保护

建筑类物质遗存的真实，可以包括现状、初建两种状态，一般具有时代性、地方性两类特点。

应根据遗存的现状和保有档案资料等具体条件，结合现代使用需求，选择确定按照现状或初建的状态保护。而对两种状态的保护，都必须保护遗存的时代性和地方性特点。

实施保护应采用遗存的传统营造技艺。保护真实的几何精度应参考现代建筑工法，计量单位一般须以毫米计。

在保证传统技艺效果的前提下，以改善劳动条件为目的，可结合现代技术方法和水平对相关传统技艺合理进行优化。

2）文脉保护

建筑类物质遗存的文脉，在保护中应关注三个基本关系：纵向整体、横向有机、动态演进。

纵向是历史文化的脉络。中华文明的连续性决定了中国传统建筑文脉历史的纵向整体性，文脉动态演进就是历史延续的基本条件。

横向是功能关系的脉络。城市的社会性决定了其中的任何建筑物都是同时代城市的有机组成部分，现状遗存也需要在保护好物质本体的同时，在功能和水平等方面融入现代城市。

名城不是出世归隐的山林，建筑文脉离不开城市的生活性和持续发展的特点，保护建筑文脉不适宜用"划句号"的静态保护方式，而必须随着经济社会、科学技术等人类社会的发展而动态演进。

3）分类保护

因为建筑类物质遗存的多样性，保护也需要以多种方式分别应对。对于非等级文物，可按主要保护要素将保护方式分为四种基本类型：物非双保、物质保护、非物质保护、建筑文脉保护。

应综合考虑遗存保护对象的历史文化意义、现代功能作用、工程质量等具体条件，统筹进行四类要素保护方式的选择。

2. 保护原则

对于非等级文物建筑类遗存现状，名城各有当地特点。总体上有三个基本情况需要关注：一是以居住建筑为主，同类量大；二是工程质量状况复杂，部分已经出现安全问题；三是传统木结构的一般进落式建筑的基本平面功能、建筑物理性能、交通条件等，与现代社会总体需求和宜居水平差距较大。

立足于以上对遗存现状条件的总体认知，现提出对其进行保护的三条基本原则：三性优先、依据质量、融入现代。

1）三性优先

"三性"指遗存对象在同一类型中的代表性、经典性、稀缺性。

类型是历史文化脉络的框架结构，可以代表一种类型，而留存所剩无几甚至是孤品的稀缺性对象，首先必须保护；品质是历史文化脉络的重要节点，能够代表某种优秀历史文化的、经典的遗存对象，都应当优先予以保护。

保护好"三性"遗存对象，就能够保护好历史文化脉络的框架和节点。

2）依据质量

"质量"指遗存的现状工程质量。保护必须遵循工程质量的自然科学规则，不符合工程质量科学规则的保护目标是不可能实现的。

遗存工程质量条件满足保护要求的，尽量采用原物、原构件保护的方式进行保护，丰富的原物、原件可以使历史文化更加充实、丰满。

遗存工程质量已经无法保护原物、原件的，应当实事求是地采用非原物、非原件的保护方式，或者统筹采取其他措施。

3）融入现代

现代城市社会的日常使用、方便好用，应作为保护非等级文物建筑的主要目标之一，综合发挥建筑物使用的自身价值和历史文化价值。对于遗存的活化利用应当选择方便保护的内容和方式，同时也应关注活化利用的经济效益能够促进保护的可持续发展。

3. 保护类型

1）物非双保

物非双保方式主要适用于物质遗存质量良好，功能适应现代或者必须作为一种类型进行保护的对象，对其具有的物质文化和非物质文化并重保护。遗存的功能类型应结合现代需求活化保护，融入现代生活。

2）保护本体

对建筑本体的保护，包括对本体物质和形成本体的几何类非物质要素同步进行的保护，是名城保护中最普遍适用的基本方式。对工程质量优良的遗存，如果功能类型不便活化，或不需要改变的，尽量按照物体原真的原则进行本体保护。

3）保护本体非物质文化

指形成建筑本体的非物质文化保护。对工程质量现状条件已经不可能保护原物的遗存对象，根据必要性，按照真实性原则，对其建筑形制、造型风格、几何类要素、建造技艺等非物质历史文化进行保护。

4）保护建筑文脉

遵循建筑文化根脉的历史演进规律和基础性特点，结合现代城市社会发展需求，对传统建筑文化进行优化，使建筑历史文化脉络持续兴盛。主要适用于对传统历史文化地区中的补充以及周边地区的一些新建项目。

保护建筑文脉的方式不得用于现状遗存的本体保护，否则就成了乱用虎狼药的胡庸医[①]。

4.保护方式

对应以上保护类型，分为五种保护方式：维护、维修、重修、复建、衍进。

1）日常维护

这种方式是所有建筑物有效使用、持续使用的正常措施。目前谈论的保护，实际上可以理解为对于历史文化的欠账，或者是因为发展中的特定需要，应当把日常维护作为历史文化名城保护的基本方式。这种方式可谓"圣人不治已病治未病"[②]，基本内容是保护建筑物的质量健康和面貌出新，一般不需要更换建筑构件。

2）维修保护

这是目前一般性适用，并尽可能采用的首选保护方式。要求原物整体不动，局部维修或更换构件，是等级文物保护的不可违背的基本原则；在对非等级文物的保护中，也是目前得到普遍认可和采用的保护方式。考虑必须具有的技术支撑条件，这种保护方式只适用于工程质量较好的建筑遗存。

3）重修保护

指针对原物整体质量不佳，但主体结构构件的工程质量尚基

---

① 见《红楼梦》第五十一回。
② 见《黄帝内经》。

本可靠的遗存保护方式。落架大修应尽可能利用原构件；以保障建筑安全为原则，局部更换工程质量已不能满足要求的构架，应保护原构架的几何尺寸和整体空间不变。通常应对其保护意义作用与保护成本进行比选，适用于工程质量一般的遗存。

维修和重修这两种方式都可以用于物非双保、本体保护两种类型。其中，重修也包括了对原物的保护，但因不属于对原物本体的保护，在传统的等级文物保护中不能被视为原物保护。按照我国目前文物保护的做法，属于从对原物的微修到不落架式大修的范围。

4）复建保护

是专门针对遗存非物质文化的保护方式，包括遗存的本体非物质要素和功能、意义等非物质文化的保护。这种方式要求准确按照物体的原样和原营造工艺特点，进行复原建造，并提倡因物制宜地利用原物的材料。

这种方式所保护的内容，本质上主要是原物本体拥有的内外形象和功能两种非物质文化，同时也为传统营造技艺的真实保护提供了实践条件。

这是主要针对属于"三性优先"原则的范畴，但已经无法原物保护的重要遗存所采用的特殊保护方式。如果采用这种方式，首先应对原物历史文化意义的重要性进行认定。

"复建"的标准是现代科学意义的恢复原样，必须具有充分详细和可靠的重建工程技术依据。具体定义内容包括：

首先按照建筑施工和大样图的技术深度要求，对保护对象获取全面、准确、详细的资料，以此作为复建的基本档案性依据；然后依据档案资料进行复原方案设计，设计成果通过专门、专业的技术鉴定，确认符合原样后作为施工图文件。

拆除现状建筑物并选择保留仍可安全利用的构件和材料，在设计和施工过程中恰当地用于复建建筑，以尽量增强其物质的历史意义。

因遗存整体工程质量已经无法保护而需要拆除的，已经没有实物存在，但拥有可靠且翔实资料、足够支持恢复原状的，经充分的科学论证证明其具有重要的非物质文化意义，都应可以采用复建方式对其非物质文化进行保护。

5）衍进保护

衍进保护是只针对传统建筑文脉保护的方式。根据现有传统建筑形制和特点，结合现代具体功能需求，在传承原建筑文脉的基础上进行优化、创新，区别不明显的也可以称为"仿建"。

衍进保护的基本原则是保护原建筑的基本形制和特点，符合原建筑文脉走向，具体体量和各部分关系可有尺度和程度适宜的变动，属于同一根脉的分支。如果不符合这些条件就成了改建，而改建不属于物质文化保护范畴。

衍进保护只适用于新建，包括拆除后不需采取复建方式，但需要与周边的传统建筑或环境风貌协调的对象，以及保护对象周边的新建建筑。20世纪80年代前期，苏州河东新区曾经以衍进的方式建设了一批具有鲜明苏州传统风格的新建筑，良好地传承发展了苏州传统建筑文化，当时被称为"新苏州"，可惜后来未能持续下去。

衍进保护在本体文化保护意义上不是合适的方式，但在周边风貌协调和文化传承弘扬方面具有明显的积极意义和开放性；效果精美并能够得到社会广泛认可的衍进保护，对于传统文化的传承与弘扬，有着其他保护方式都不具备的特别作用。

各种保护方式之间都可以相互组合运用，组合的原则目的是尽可能多地保护遗存、尽可能好地保护历史文化。保护内容要素以原物优先，其他依次为原样、原工艺、原文脉，根据建筑遗存工程质量的具体情况，进行保护方式选择。

保护方式就是工具，各有特点、各有用途，不同方式之间不分优劣，但具体运用时的方式选择，则有相宜与否或对错之分。

保护方式本身没有高下，具体用法则有高下之分。不应把对某种保护方式的选择和运用水平与保护方式本身的有效性混为一谈，尤其不应把因为设计、施工能力或水平产生的问题归咎于保护方式。

按照以上对建筑类遗存和建筑文脉保护的探讨，总结为传统建筑保护技术路线分析表如下：

传统建筑保护技术路线分析

保护理念	保护方式	基本内涵	前提条件	适用范围	基本标准
原真性	维护	原物原状	遗存整体品质良好	原物	维护出新
	维修	原物现状	遗存工程质量良好	原物	修旧如旧
真实性	重修	落架原状	质量一般，原状资料	主体原物	整旧如新
	复建	新物原样	质量差，意义大，原样资料充分	复原新建	原样准确
衍进性	衍进	新物原脉	传统文化正确理解，相应建筑设计能力	衍变新建	古根新脉

注：原状指体量和造型，原样细化到建筑工程标准，原脉指文化特色系列。

八探保护路标

名城的具体保护目标有多个领域、各种类型和众多保护对象，保护的总体目的是传承历史文化、弘扬优秀传统，"以人民为中心"，建设古今交相辉映的和谐美好家园。名城保护所有的理念、措施和行为，都应当朝向这个目的的努力前行；为人民服务、为发展服务、为今天服务，应是前行的总体路标。

一、为人民服务——服务宗旨，人民为本

所有的城市科学和专业技术、工作或公益的行为，都是为城市、为人民服务的。生于福建、长于我国台湾的曾仕强教授也认为"各行各业到最后都是服务业。……老实讲，为人民服务，不是只有当官的才需要这样做，各行各业从不同的立场、不同的角度、采取不同的方式，但是目标只有一个：为人民服务"①。

历史文化名城保护更加不会例外，因为名城保护的各种对象中，客观上有相当多，甚至大部分直接与城市居民、社会弱势群体的切身利益紧密相关。为城市服务、为人民服务，既是所有保护内容的共同目标，也是各种保护行为的集中出发点，还是保护过程中各条路径和各个相关环节的指路牌，从事名城保护必须时

---

① 见曾仕强于 2014 年 11 月 20 日所作的"中华道统文化传承班"讲座。

刻牢记为人民服务的宗旨。

名城保护中有很多都是对弱势对象的保护，如业已衰败的传统地区、质量不佳的传统建筑、发展能力欠缺的弱势群体。保护首先应当复兴、振兴地区，不仅保护历史文化，更重要的是促进弱势群体的保护和发展。

1. 为居民服务

名城的保护，尤其是历史文化街区的保护，首先涉及对传统民居中的居民最基本的生活居住权益的保护，具体体现为传统民居的现代宜居问题。

针对现存传统民居生活居住舒适度的普遍条件和国家历史文化名城的命名标准，解决传统民居的现代宜居问题，既是为居民服务的理所应当的底线，也是名城保护的刚性要求。

按照目前大部分历史文化街区的实际状况，因为经济能力、就业技能和个人选择等原因，很可能现状住户多不易在原地留居，由此引发所谓"原住民保护"的争议。那么，在绝大多数历史文化名城中，究竟有没有"原住民保护"问题呢？

原住民是指某地方较早定居的族群，当前对于原住民议题的讨论多半应在民族、国家所进行的殖民事业的脉络之下来理解[1]。抛开"多半""民族、国家""殖民事业"等此处暂不关心的词来理解，"原住民"可以表述为"在名城中某地段较早定居的族群的繁衍群体"。

在包括历史文化名城的现代城市中，宗族聚居现象已经基本不存在，绝大部分某氏老宅也早已屋是氏非；根据上述"原住

---

[1]　百度百科"原住民"词条。

民"定义，除了民族自治的一些地区中有这种情况，其他地区的"原住民"只是个别现象。传统民居中基本上都是现状居民，而不是"原住民"；在经济发展良好、社会交流频繁的城市，传统民居中的现状居民甚至已经不是原居民，而多是外市新迁入的住户或者租户。他们不是原住民，哪来"原住民保护"问题！在名城保护中，不可错用具有西方殖民主义色彩的"原住民"概念，不应把"原住民"概念扩大化。

因此，对真正的族群世居城市宜有不可类比的鼓励政策，尤其关键的是重视解决城市经济水平融入现代和当地居民就地发展等问题，尽可能使居民与祖居世代相伴，但也不应阻止其自动迁移的意愿和行为。

在名城和历史文化街区的保护中，对弱势群体应有切实可行、适应不同具体情况的多种扶助政策，尊重其居住选择权，但须坚持街区整体融入现代城市的活力。在此基础上，可以把现有居民在原地、原屋居住作为赞赏内容，但不必提倡，不需纳入鼓励范围；不应作为保护的必达目标和刚性标准，尤其不应为了某种欣赏或暂时体验的目的，而限制当地居民生活居住水平的改善和街区融入现代城市的努力。

2. 为市民、游客服务

名城保护应同时为城市市民的日常工作和生活、休憩服务，为广大游客提供历史文化特色的观光和休闲度假旅游等服务。

为非特定的群体服务，也需要秉承人本精神，把历史文化保护的需要与社会需求、市场需求有机地结合起来，使历史文化保护的成果得到全社会的广泛认可，而不仅是得到某种专门行业或专业观念的认可。

保护历史文化需要针对具体保护对象的实际情况，也应当认清地方特色的有效作用和必要的参照空间范围，不应简单地把城市不同地段的区别当成地方特色，避免将历史文化街区都变成清一色的文旅一条街。而是应以广阔的区域视野，准确地进行特色定位，提供特色服务；以有利于城市发展的全局胸怀，结合遗存优势特点，提供多样服务；以亲民敬客的精神，为不同消费层次和个性化的服务对象，提供专门服务。

3. 为保护实施者服务

名城保护的主体内容基本都是建（构）筑物，或与其相关，建筑类历史文化保护目标的实现离不开保护实施操作者——社会俗称为"建筑工人"的辛勤劳动。改善他们的劳动条件、保护其专门技能和应有的社会地位，是名城保护中不应缺少的保护内容。

1）为建造劳动者服务

对于传统建筑的维护、修缮等保护行为，目前的生产方式和劳动条件仍然基本处于传统营造的手工业状态，室外作业比重大、体力劳动强度高，在现代就业岗位和工作环境等条件下，难以吸引具备相应条件的人才。加之古建筑维修劳动定额标准等问题，客观上使得目前该行业的从业人员仍以比较单纯的体力劳动者为主。

历史文化名城需要按照时代的生产、生活水平和社会文明精神，加强人本关怀，结合利用现代相关生产技术，尽量改善传统建筑保护的生产环境和劳动条件，合理提高劳动待遇，以保持传统建筑保护施工行业的就业吸引力。

2）为传统营造匠师服务

建筑历史文化保护的施工需要专门的知识和特殊技能，要正视该行业对于真实保护建筑历史文化，特别是在保护建筑物的时代特征和地方特点方面所不可或缺的关键作用，提高传统营造技艺地位，传承营造工匠精神。

建筑类遗存都是历史上的营造匠师的工作成果，如果可以仍然由当年的匠师来从事保护，那是最有利于保持真实性的，当然这只是一种假设而已。然而这个假设启示我们，对于建筑类历史文化遗存保护，传统营造匠师可以发挥现代的专业分工、营造分离的标准做法所起不到的作用。

因此，建立传统营造匠师制度，为名城保护培养和建设一支特殊专业技能的职业力量，对于提高名城保护的真实性水平是非常必要的。

要建立传统营造匠师制度，有三个问题首先需要考虑。

第一，古代营造匠师主要从事新建工作，即使是维修，也没有真实性保护的现代理念和要求，只需要常规营造技能，属于前述画第一个圈。而现代匠师主要从事保护工作，是按照第一个圈进行描画。对于原物的时代特征、地域特点、文化特色等都需要保护其真实状态，除了一般性传统营造技能，营造匠师还需要拥有相应的历史和理论知识。

如果不要求匠师做到这一点，那就只能保持营造分离的现状技术架构，由建筑师负责保护这些真实性；传统营造匠师似乎也只能称为"传统建造匠师"或者"传统建筑技艺匠师"。

第二，随着现代生产条件的改善，人们自然趋向于工作条件好的岗位，一些劳动环境差、安全风险高的优秀传统工艺已经面临失传的危险。例如，以室内工作为主、没有安全风险、劳动效益高的紫砂行业至今长盛不衰；而需要人工破竹、梳篾的竹艺行业，因劳动者易受损伤，高素质人才队伍已经后继乏人。

传统营造技艺也需要对传统建造劳动方式及其工作条件进行现代化改造，诸如工厂化、机械化乃至智能化等方面，都可能成为营造匠师需要掌握的技能。因此，现代的传统营造匠师不但必须拥有良好的传统技能，同时还需要掌握相应的现代生产技术。

第三，真实保护建筑历史文化所需要的技能标准明显高于一般现代建筑的要求，但目前通行采用的是建筑维修类劳动定额。笔者曾经与一些国家级和省级古建筑非遗传人座谈，他们普遍认为，按照传统建筑的一般性保护要求和手工劳动效率等特点，付出相似劳动的报酬，从事现代建筑施工所得约是从事传统建筑维修的 1.5~2 倍，加上传统建造的劳动环境条件差等因素，他们自己的后代也基本都不愿意从事这个行业。

确定技能范围、改善工作条件、合理劳动报酬，是建立传统营造匠师制度的基本条件。

二、为发展服务——服务全局，融入现代

为发展服务，既是历史文化名城的特殊资源作用优势，也是名城保护的目的，或者说是保护目的的重要组成部分。因此名城保护最需要贯彻、也最能够体现"在发展中保护、在保护中发展"的精神，这也是名城保护的复杂性、综合性所在。

可以把"为发展服务"分成为城市、社区和居民三个层面的发展服务，且各有适宜在该层面考虑的重点内容。

1. 为城市发展服务

在城市层面当然是全局性、综合性的发展，服务广泛体现在促进文化、经济、社会等多个领域的发展。

服务的前提是合理、有效地保护相关历史文化。其中的"相关"是指属于名城保护领域的历史文化,"合理"指应区分文物、遗产等保护与名城保护不同的特点和要求,"有效"指保护的相关真实性,没有了与保护内容和目标对应的真实性就难以称为名城保护的服务。

服务也体现在保护与发展的统筹协调、相互支持。统筹首先是对意义和作用重要性的比选,如北京明清故宫周边的发展无疑应当以不影响故宫的保护为前提,三峡水库的建设也因需要而选择其他历史文化保护方式。再如名城保护中最为常见的高度控制问题,本质上属于历史环境的视觉效果与现代发展及其效益的比选。一般情况下,应当本着服务的精神,从控制的必要性以及控制幅度、控制方法等八个方面[①],统筹高度控制具体内容的必要性和相关发展对象具体要求的合理性,协调保护与发展的关系,而不是简单地一律只为了某种视觉效果进行高度控制。

服务还体现在保护和功能利用等方面能够融入现代城市,在保护质量、利用效益和发展水平等方面不拖城市的后腿,使保护对象成为现代城市的特色窗口,而不是成为弱势群体的集聚场所。

2. 为社区发展服务

主要指为历史文化街区、历史地段类的社区服务。社区的基本构成是一定的地域空间范围和其中的居住人口,居民一般有着共同或相近的生活方式,并具有共同的社区利益。

---

① 张泉 . 关于历史文化保护三个基本概念的思路探讨 [J]. 城市规划,2021(4).

历史文化传统型社区的发展，在名城保护领域主要应当关注三项服务内容：居民成分、地段特色、同城水平。

居民成分是社区发展的基础性要素。服务重点在于两个方面的协调，即社区传统生活方式与发展能力的统筹协调，理想状态当然是二者兼备。如果不能兼备，宜优先选择适合社区所处区位的居民类型中发展能力较强的成分；针对该类群体的基本生活习惯和消费等特点，提供相应的现代宜居、就业的空间载体和相关公共设施等系列服务。

同时应尽可能多地保护物质类历史要素，尤其要保护好社区的整体传统形象风貌，确保非物质文化脉络的演进传承，保持地段的传统特色，成为社区的活力资源。传统的社区空间、建筑和环境，作为特色的物质本体，是名城保护的基本内容；作为特色的空间载体，则是名城保护为社区发展服务的重要内容。

历史文化的活化利用，不但是保持街区活力的必要手段、获得保护效益的重要渠道，还应成为保持街区传统特色、因势利导创造新特色的主要平台。在这个方面，一般还应关注，现状遗存地段发展在历史上多属于城市的中上等水平，其中不少是上等水平，典型的例如一些大户宅第和府邸，而历史上条件就较差的建（构）筑物一般不太可能留存到现在。因此，对传统生活居住内容的活化利用，无论物质文化还是非物质文化，都有现状保护或原状保护的选择问题。

同城水平是社区的共同利益。既是与街区居民直接相关的一种物质利益的反映，也是社区自尊、自豪类的集体精神需求。这样的服务能够培育社区归属感，有利于社区治理和社会和谐；提供这样的服务是历史文化街区保护的责任，也是名城保护工作的自尊和自豪。

3. 为居民发展服务

城市、社区和居民是发展的利益共同体，居民是城市的细胞，居民的发展是城市和社区发展之本。各项工作必须"更加自觉地使改革发展成果更多更公平惠及全体人民"①，名城保护为居民发展服务更多地体现在"更公平惠及"方面。

根据名城保护的领域职能和主要涉及居民类型等特点，为居民服务应重点关注居住水平、就业和收入、传统特色三项内容。

首先是居住水平——传统民居的现代宜居水平。涉及全体相关居民的切身利益，也是他们的基本权益，如上所述，应以同城水平为服务目标。

其次是就业和收入，历史文化活化利用不但要考虑提供就业机会，同时还应考虑就业岗位的收入水平。在已经实现全面小康、迈向现代化的新时代，不能简单地惯性沿袭已经不能适应新时代经济社会发展需求的某些传统产业门类、层次及其生产方式，而应把时代水平、同等水平作为活化利用就业岗位收入水平的服务目标。

传统特色是名城保护的根本，为居民发展服务也不能离开这个根本。在服务居民发展中如何更多、更好地保护传统特色，包括现代宜居中的物质类传统特色、产业就业中的非物质传统文化特色，都是名城在发展中保护的重要内容。

三、为今天服务——古为今用，面向未来

中华文明具有"多元一体、兼容并蓄、绵延不断"的总体特征。名城保护不是以一体取代多元，不是把历史变成今天，也不

---

① 见 2021 年 2 月 25 日，习近平总书记在全国脱贫攻坚总结表彰大会上的讲话。

是对历史盖棺论定，而是真实保护兼容并蓄的历史、体现绵延不断的精神。传承历史、走向未来，重在今天的保护真实、真实保护；利用历史文化为今天服务，需要提供文化真实、历史真实、立体多元的历史文化。

1. 文化真实

文化不断演进的特点，决定了名城历史文化最本质、最有生命力的真实性是文化脉络的真实，主要包括文脉和地脉的真实。

1）文脉

文脉重在文化之源。任何保护理念和保护措施都不能离开保护对象的文脉之根，离了根就会脉断文亡。

历史文化名城保护要立足于中华文化之根，建立、完善名城保护的理论和实践体系。对于其他文化的先进理念和成功经验，应当谦虚地学习、合理地借鉴，但不能生搬硬套、盲目照抄。马克思主义的真理都需要与中国革命的具体实践相结合才能在中国取得成功，名城保护的理论更不能离开中华文脉的水土。

2）地脉

地脉重在地域特色。自然、地理条件，生产、技术发展，时代、社会变迁，诸多要素、因素的共同作用在历史上曾经创造过多少辉煌。历经岁月、沧桑的淘汰而留下的今天还能够看到的地域特色，是多么难得和宝贵。

地域特色就是城市的重要文脉。在交通发达、交流频繁等现代条件下，在重视学习、习惯借鉴的现代氛围中，名城保护需要非常关注对地域特色的保护，有责任为今天的城市发展保护好特色资源优势、为服务社会生活提供真实的历史文化。

从技术难度来说，保护多元需要更广泛的努力学习、更认真的研究态度、更细致的保护方法。

从历史规律来看，不同的地域特色在历史的变迁中各有其自然影响或人为造成的盛衰存亡。因此对于地域特色的保护，需要也值得名城保护给予应有的关注、付出更大的努力。

2. 历史真实

历史的唯一性特点，说明了历史的真实只有一个。因一些历史的不直观特点，需要在保护和展示、介绍中，重视史实、科学和逻辑的作用，以真实的历史为今天服务。在名城保护中，应当真实保护，尤其需要关注真实衍进与保护失真的区别，具体可以分为两个方面。

1）物质遗存保护方面

传统建筑中，居住、园林、办公、宗教等不同功能类型，以及官式与民式等，各有其形制特点。具体遗存所处地域和建造时代也多有不同，这些都是表达物质类遗存历史真实性的重要内容，应当在保护中认真、细致地加以区分。

如果不关注这种区别，保护效果就很可能失真。当前保护中不乏所见的把中国传统建筑著名特征"大屋顶"的凹曲面改成斜平面的情况，就是一种典型而比较普遍的失真现象。其原因是丢掉了《营造法式》《工部工程做法则例》两部国家标准一贯千载的木构屋架传统技艺规则。

因此，不但要从城乡规划的角度和技术层次保护好传统空间的肌理、体量、尺度、色彩等城市要素，还要从建筑学的角度和设计施工技术层次，保护好具体遗存的形制特点、时代特征、地域特色，让今天的人们能够看到传统建筑的真实历史形象，把优秀建筑历史文化真实地传承下去。

例如，在法国历史文化遗产保护的"国家建筑—城市规划师"制度中，"国家城市规划师"负责使历史遗产保护政策与发展规划融为一体[①]，"国家建筑师"负责历史遗产鉴定、保护、改善的管理和实施。这样的分工协作理念值得我国名城保护工作借鉴。

2）非物质遗存保护方面

应当关注历史文化的史实研究和价值研究，重视非物质文化与相关物质文化的空间关系和逻辑联系，重视具体遗存的历史价值、科学价值、艺术价值，及其在历史上和当代的影响力等研究，正确区分科学知识、艺术欣赏等方面的文化性与民间故事、神话传奇类的文娱性。

名城保护中，应识别具体非物质遗存的真实本质特点，区别其在历史、科学、艺术等方面的不同优势，因文制宜、因地制宜地进行组织，合理发挥传统非物质文化的历史性、文化性、科学性、娱乐性等各种不同作用。无所谓真实、只追求人气、一图欢快的娱乐场风格，可用于某些历史文化及其场所，但不应是名城保护中古为今用的主导方式和主要内容。

3.立体多元

中华文明一体多元的特点反映在历史的长河中和具体的空间里，在名城保护中需要关注立体多元的关系；因为历史的淘汰更新，今天的名城保护还需要关注更大区域的历史文化关系，形象反映不同名城的多元汇入中华文明成为一体。从历史文化区域的角度考量，梳理相关历史关系和特点，构建名城保护的历史时空网络和文化网络。

[①]　张松.历史城市保护学导论[M].3版.上海：同济大学出版社，2022.

1）构建历史时空网络

根据名城发展演进历程在历史上的意义和作用，在时间轴上，重视历史上各个时代的重要时期、重大事件、代表人物等；在空间轴上，重视各种历史文化空间区域、各种发生地、作用和影响范围，以及代表性遗物、遗迹、遗址、遗传等。在此基础上，以各个历史时期的多元节点，展现历史的立体时空网络。

构建历史文化的立体时空网络，需要特别重视历史文化的时代特点和地域特色。对于名城保护，尤其是建筑类遗存的保护而言，没有时代特点的历史是扁平的，没有地域特色的多元是贫血的。

2）构建历史文化网络

继承历史文化丰富、优秀的内涵，对各种类型的历史文化进行梳理，形成各种历史文化系列，依托时空网络，共同构建脉络清晰、形象生动、富有生命力的历史文化网络。

文化系列类型例如：移民迁徙文化系列，地区、地域风俗文化系列，思想、艺术文化系列，历史名人文化系列等。

社会行业类型例如：盐文化系列，茶文化系列，晋、徽、浙、鲁、粤明清五大商帮文化系列，漕运文化系列等。

遗存内容类型例如：传统民居（反映城市生活）系列，古道桥梁（反映经济社会交融空间渠道）系列，书院建筑系列，各类产业建筑系列等。

意义作用类型例如：红色文化系列，颂扬优秀先进系列，教育陶冶文化系列，警示、批判文化系列等。

构建立体多元的历史文化时空网络应重视和关注物质遗存的各种稀缺性，特别是在时空节点方面的稀缺性，以使历史文化网络的可视形象更加充实、丰满。

历史文化时空网络和名城历史文化，在与现代区域和城市的发展关系方面，从发展角度都是区域和城市的一个层面，从保护工作角度是一个专门技术领域；从功能角度都是区域和城市社会生态系统中的细胞组织，不应也不可能成为自成体系的独立结构。

各类历史文化物质遗存，都是区域和城市空间形态组成的一种要素，这种要素承载和传递着传统文化的基因信息，是具有物质、精神双重意义的资源和财富。

资源需要保护，财富可以利用，但不应把空间协调的技术措施和艺术方法简单化地局限在建筑物的高度和体量，也没有必要让众多的物质遗存在城市的整体空间中都成为一个个"碗状空间"①中的贡品。从历史的角度看，若干年后，现有建筑中也必将不断有新的内容成为历史文化保护对象，厚古薄今的"碗状空间"不具有可持续发展的逻辑性；从文化的角度看，城区平面上各种形状的"锅碗瓢盆"绝不是任何历史文化名城的空间传统，也不应成为当代留传给后人的城市空间形象。

传统与当代的城市、建筑，重在交相辉映。应通过城乡规划方法促进传统功能现代演进，协调古今水平辉映；采用建筑设计方法协调物体造型风貌，实现古今形态辉映；推进生态一体传承演进发展，使古代文化与现代文明交相辉映。

---

① 以遗存为中心，周边建筑控制高度随后距离增加逐步升高，即形成"碗状空间"。

回探关键词

名城基本特性：

城市层面，空间一体，物非结合，动态演进。

主要保护对象：

形态结构，物质遗存，相宜功能，文化脉络。

重点协调内容：

功能融入，社会进步，经济发展，空间统筹。

保护价值取向：

古今关系，真实内涵，保护发展，相关利益。

保护理论基础：

历史文化，营造技艺，空间艺术，工程技术。

分类保护理念：

历史真实保护，文化脉络保护，发展衍进保护。

分层保护方法：

景观风貌，建筑工法，街区生活，文化根脉。

保护关键要点：

地域特点，时代特色，功能活化，水平现代。

参考文献

[1] 张松 . 历史城市保护学导论 [M]. 3 版 . 上海：同济大学出版社，2022.

[2] 王景慧，阮仪三，王林 . 历史文化名城保护理论与规划 [M]. 上海：同济大学出版社，1999.

[3] 贾鸿雁 . 中国历史文化名城通论 [M]. 南京：东南大学出版社，2007.

[4] 史念海 . 中国古都和文化 [M]. 重庆：重庆出版社，2021.

[5] 张泉 . 漫步城市规划 [M]. 北京：中国建筑工业出版社，2023.

[6] 李浩 . 国家历史文化名城制度建立过程及思想渊源的历史考察——兼谈关于名城制度提出者之惑 [J]. 建筑师，2023（2）.

[7] 张泉 . 关于历史文化保护三个基本概念的思路探讨 [J]. 城市规划，2021（4）.

[8] 盐野七生 . 罗马人的故事——条条大路通罗马 [M]. 韦和平，译 . 北京：中信出版社 .